农民工培训教材——制造修理类

电　工

主编　王振如　郝　婧

中国人口出版社

图书在版编目（CIP）数据

电工/王振如,郝婧主编.—北京:中国人口出版社,2008.6

农民工培训教材.制造修理类

ISBN 978-7-80202-722-0

Ⅰ.电… Ⅱ.①王…②郝… Ⅲ.电工-技术培训-教材 Ⅳ.TM

中国版本图书馆 CIP 数据核字（2008）第 064142 号

电 工

王振如 郝 婧 主编

出版发行	中国人口出版社
印　　刷	三河市新艺印刷厂
开　　本	850×1168　1/32
印　　张	5
字　　数	80 千字
版　　次	2008 年 5 月第 1 版
印　　次	2010 年 3 月第 2 次印刷
书　　号	ISBN 978-7-80202-722-0/C·351
定　　价	50.00 元（共 5 册）

社　　长	陶庆军
网　　址	www.rkcbs.net
电子信箱	rkcbs@126.com
电　　话	(010)83519390
传　　真	(010)83519401
地　　址	北京市宣武区广安门南街 80 号中加大厦
邮　　编	100054

版权所有 侵权必究 质量问题 随时退换

丛书编委会

总策划　陶庆军　邱　立
主　编　王振如　郝　婧
编　委　郗银全　李怀明　吉　洪
　　　　张文利　孙宏德　聂　君
　　　　蔡秀华　吴忠喜　杨夕珊

前　言

这是一套对农民工进行职业技能培训的推荐教材。职业技能培训是提高劳动者知识与技能水平、增强就业能力的有效途径。《中华人民共和国劳动法》中明确规定"从事技术工种的劳动者，上岗前必须经过培训。"

对农民工实施职业技能培训，具有重大现实意义。党的十七大报告中指出："就业是民生之本。要坚持实施积极的就业政策，加强政府引导，完善市场就业机制，扩大就业规模，改善就业结构。"现在，党中央做出了缩小城乡差距、全面建设小康社会的重大举措和建设社会主义新农村的英明决策。在社会主义市场经济条件下，就业竞争激烈，使没有一技之长的农村进城务工人员就业艰难，致富无门。这就决定了广大农民工必须通过培训来提高职业技能，实现就业致富。对此，劳动和社会保障部在"十一五"规划中做了明确部署，我国要通过加强技能培训，帮助农民实现转移就业。也就是说，中国还有更多的农村劳动力、就业与再就业人员需要掌握一技之长、提高就业能力，以实现转移就业，走上致富之路，得到实实在在的好处。

为便于实施职业技能培训，配合国家有关政策的落实，特别是针对开展以提高农村进城务工人员、就业与再就业人员就业能力和就业率为目标的职业技能培训，我们依据相应职业、工种的国家职业标准和岗位要求，组织有关专家、技术人员和职业培训教学人员编写了这套"看得懂、学得会、用得上、买得起"的面向全国农民工职业技能短期培训教材，以满足广大劳动者职业技能培训的迫切需要。

这套教材涉及了第二产业和第三产业的多个职业、工种，针对性很强，主要表现在以下两点：

1."易看懂、易学会"。这套教材的编写原则是最大限度地让广大农民工"一看就懂、一学就会"。每种教材都是以技能操作和技能培养为纲,循序渐进地介绍各项操作技能,力求内容通俗,图文并茂,让广大农民工易于学习、理解和参照操作,体现技能培训的特色。

2."薄而精、利应用"。这套教材还突出了"用得上、买得起"的理念。在教材的编写中,只讲述必要的知识和技能,强调技能,不详细介绍相关理论,并在强调实用性、典型性的前提下,充分重视内容的先进性,使每种教材都达到了物美价廉的"薄而精、利应用"的宗旨,让广大农民工花最少的钱,在最短的时间内掌握最有效的技能。同时,也促进职业技能短期培训向规范化发展,提高培训质量,确保广大农民在经过15~90天的短期培训后,即能掌握一门技能,达到上岗要求,尽快地顺利实现就业。

这套教材适用于各级各类教育培训机构、职业学校等短期职业技能培训使用,特别是针对农村进城务工人员培训、就业与再就业培训、企业培训、劳动预备制培训,同时也是"农家书屋"的首选图书;对于各类职业技术学校师生、相关行业技术人员同样有较高的参考价值。在此,也欢迎职业学校、培训机构和读者对教材中的不足之处提出宝贵意见和建议。

编者
2008年3月

目 录

第一章 电工工具及测量知识 ………………………… (1)
  第一节 常用电工工具介绍 ……………………… (1)
  第二节 电工测量的一般知识 ……………………… (9)
  第三节 电工测量仪表的使用 …………………… (10)

第二章 电工材料的选择与导线的连接 …………… (19)
  第一节 电工材料的选择与使用 ………………… (19)
  第二节 导线的连接与绝缘层的恢复 …………… (27)

第三章 常用电器设备 ……………………………… (39)
  第一节 控制电器和保护电器 …………………… (39)
  第二节 变压器 …………………………………… (45)
  第三节 三相异步电动机 ………………………… (49)

第四章 电器照明 …………………………………… (58)
  第一节 常用照明电光源及其电路 ……………… (58)
  第二节 瓷绝缘子、瓷夹、木板槽配线 ………… (65)
  第三节 照明灯具及安装 ………………………… (69)
  第四节 照明电器的安装 ………………………… (75)
  第五节 照明电器的检修 ………………………… (80)

第五章 配电线路施工 ……………………………… (87)

　第一节　配电线路基本知识……………………（87）

　第二节　登杆操作…………………………………（93）

　第三节　配电线路安装……………………………（98）

　第四节　接户线……………………………………（106）

　第五节　低压架空线路的安装……………………（108）

　第六节　电缆线路的布线…………………………（123）

第六章　用电常识……………………………（137）

　第一节　电工基本操作技能………………………（137）

　第二节　安全用电常识……………………………（147）

参考文献………………………………………（152）

第一章　电工工具及测量知识

> **本章学习目标**
> 1. 了解和掌握电工工具的知识和使用方法。
> 2. 了解电工测量的一般知识。
> 3. 掌握电工测量仪表的使用。

电工工具与电工测量仪器是进行电工操作的必要前提,一名合格的电工,不仅要充分认识各种电工工具与测量仪器的性能,还必须正确掌握它们的使用方法。本章即对电工工具以及一些测量仪表的基本性能与使用方法作详细的讲解。

第一节　常用电工工具介绍

一、电工刀

电工刀是电器设备安装和电工维修的必备工具,可以通过电工刀剥削导线绝缘层或绝缘套。电工刀通常分为三种型式,即一用、两用和多用,如图1-1-1

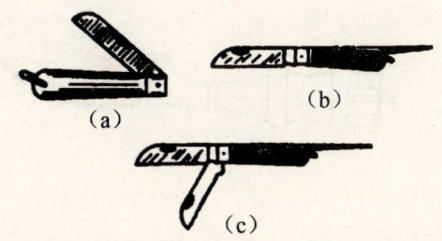

(a) 一用(普通式)　(b) 两用　(c) 多用(三用)

图1-1-1　电工刀

(一)电工刀的使用方法

1. 单芯护套线塑料绝缘层的剥削。根据所需导线的长度,将电工刀以45度角切入绝缘层,当电工刀接触芯线后,保持25度角用力向线端推削,上面的绝缘层削去以后,可以将下面的绝缘层向后翻扳,最后用电工刀将其全部切去,露出芯线。

2.双芯或三芯护套线绝缘层的剥削。用电工刀的刀尖对准双芯线的间隙处划开护套层,然后将划开的护套向后翻扳,最后将剥离的绝缘层用到齐根切除。

(二)注意事项

1.因电工刀没有绝缘层保护,故切不可带电切剥导线;

2.切剥塑料多芯线时,应保持刀面与芯线垂直,避免切剥过程中使手指受伤。

3.在切剥导线绝缘层的过程中,应保持刀面与导线成较小的角度,避免用力过度而使导线受损。

4.电工刀使用完毕应及时将刀刃插回刀柄中。

二、螺丝刀

螺丝刀通常叫改锥,它是用以旋动头部带一字槽或十字槽螺钉的工具,可以通过螺丝刀对螺钉进行紧固或拆卸。螺丝刀一般分为一字口和十字口两种,柄由塑料或木料制成。如图1-1-2

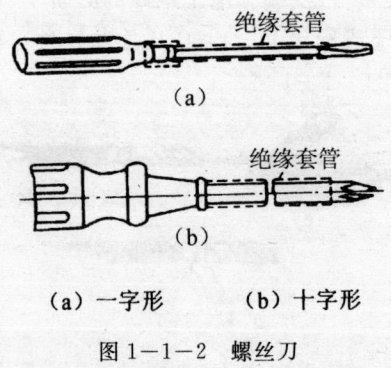

(a)一字形　　(b)十字形

图1-1-2　螺丝刀

(一)螺丝刀的使用方法

小螺丝刀的使用方法:小螺丝刀通常用来紧固或拆卸电气装置上较小的螺钉,使用过程中,可用大拇指和中指将螺丝刀的握柄夹

第一章 电工工具及测量知识

住,然后用食指顶住螺丝刀握柄末端,将刀口放入与之吻合的螺钉槽中即可旋动螺丝刀,如图1—1—3(a)。

大螺丝刀的使用方法:大螺丝刀通常用来拧紧或旋松比较大的螺钉。在使用过程中,用大拇指、中指、食指紧握螺丝刀柄,以手掌顶住握柄末端,然后将刀口放入与之吻合的螺钉槽中,即可通过旋动螺丝刀控制螺钉,如图1—1—3(b)。

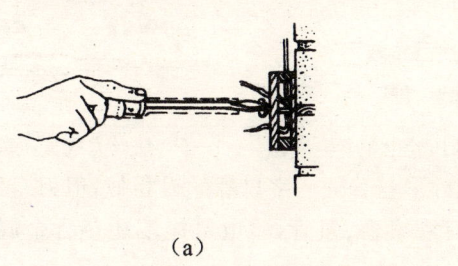
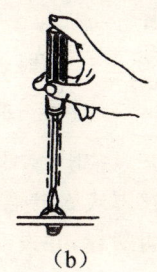

(a)   (b)

图1—1—3 螺丝刀的使用
(a)大螺丝刀的用法 (b)小螺丝刀的用法

(二)注意事项

1. 必须保护好螺丝刀的绝缘皮,不能使用无绝缘手柄的螺丝刀。
2. 使用螺丝刀以前,先应选择同螺钉大小相符的螺丝刀。
3. 旋动螺钉时应用力适度,避免螺丝刀打滑引起手指受伤或损伤螺钉。

三、验电器

验电器是用以检验导线或电气设备是否带电的工具,可根据其适用对象分为高压验电器和低压验电器,一般来说低压验电器又叫验电笔,高压验电器统称为验电器。

验电笔一般用以测量对地电压250伏以下的电气设备,其具体功能如下:

1. 区分直流电与交流电。当交流电通过验电笔氖灯时,两极均会发光,而直流电通过时则只有一极发光。
2. 区分火线和地线。用验电笔接触导线后氖灯发亮则表明为火线,而氖灯不发光则说明此线为地线。

3. 验电笔还可用以判断电压的高低。若验电笔氖灯发出暗红色的光,则说明电压较低,而低于 36 伏的情况下,氖灯就不会发亮。通常可将验电笔分为钢笔式验电笔、螺丝刀式验电笔和数字显示式验电笔三种。

钢笔式验电笔通常由笔尖金属体、降压电阻、氖灯、笔尾金属体、弹簧和观察窗组成,如图 1—1—4。

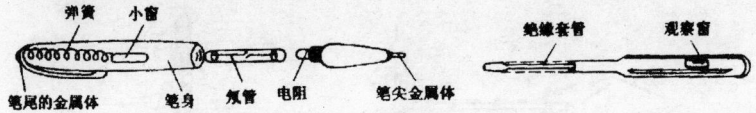

图 1—1—4 钢笔式低压验电笔　　图 1—1—5 螺丝刀式低压验电笔

螺丝刀式验电笔外形与普通一字口螺丝刀相似,但刀身绝缘部分为透明塑料,并设有观察窗、氖管,验电笔尾端还包含金属片,如图 1—1—5。

高压验电器用以测试高压的高压验电器通常由金属钩、氖管、氖管窗、护环、握柄等部分组成,如图 1—1—6。

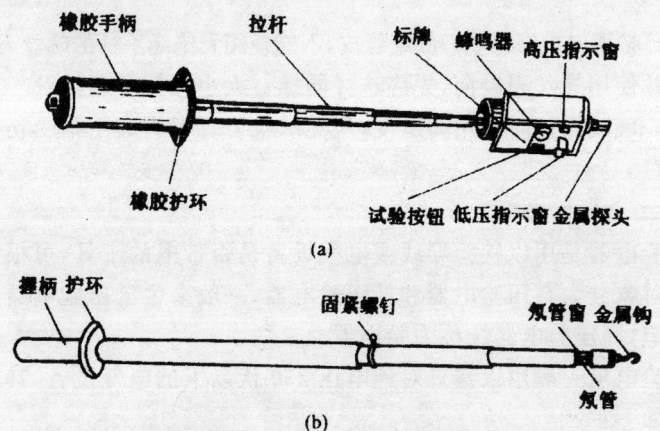

(a)拉杆式声光高压验电器　(b)拉杆式高压验电器
图 1—1—6 高压验电器

第一章 电工工具及测量知识

在使用高压验电器的时候,必须配带符合耐压要求的绝缘手套,并应保持人体与高压带电体的距离,雨天也应避免进行户外操作。此外,应特别注意即使配带了耐压手套也不能握超过护环的部位,如图1-1-7所示。

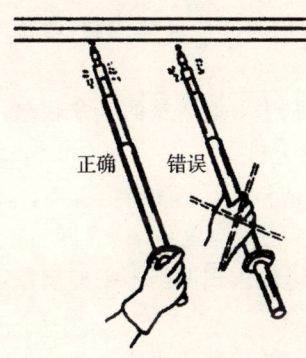

图1-1-7 高压验电器的握法

四、电烙铁

电烙铁是钎焊的热源,它可分为15、25、45、75、100、300W等多种规格。一般来说,功率在45W以上的电烙铁多用于强电元件的焊接,而15W与25W的电烙铁则多用于弱电元件的焊接,如图1-1-8。

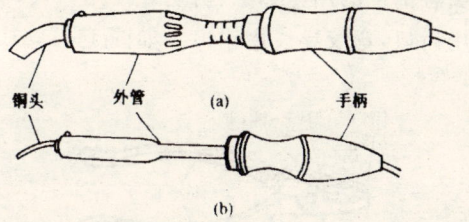

(a)大功率电烙铁 (b)小功率电烙铁
图1-1-8 电烙铁

电烙铁分为内热式和外热式两种。内热式电烙铁热功率较高,其发热元件位于烙铁头的内部;外热式电烙铁热功率相对较低,其发热元件位于电烙铁的外层,烙铁头置于中央的孔中。

（一）电烙铁的使用方法

1. 在焊接前须用电工刀或砂布将连接线端的氧化层刮磨清除干净，然后在焊接处涂上适量焊剂。

2. 在含有焊锡的烙铁头沾少许焊剂，然后对准焊接点进行焊接，焊头在焊接处停留的时间应灵活控制，通常由焊件的大小决定。

（二）注意事项

1. 在焊接过程中应注重电烙铁的轻拿轻放，不得使电烙铁受到敲击，以免损坏其发热元件。

2. 烙铁头应时常清洁，可在石棉毡上擦拭，也可通过刮刀进行清理。

3. 烙铁头用久了可能出现凹凸不平的现象，这是可用锉刀进行修整。

4. 正在使用的电烙铁切勿放在木制器具上，以免烫坏导线或其他物件。

五、钢丝钳

钢丝钳是钳夹或剪切导线等物的必备工具之一，通常可分为钳头和钳柄两部分，其中钳头又包括钳口、齿口、刀口、铡口，如图1－1－9。钳头各部位的用途如下：剪切导线用刀口，剪切钢丝用铡口，旋动螺母用齿口，弯绞导线用钳口。如图1－1－10。

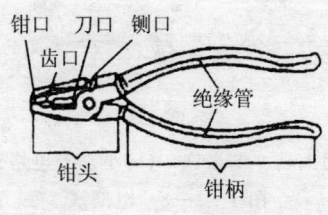

图1－1－9　钢丝钳

第一章 电工工具及测量知识

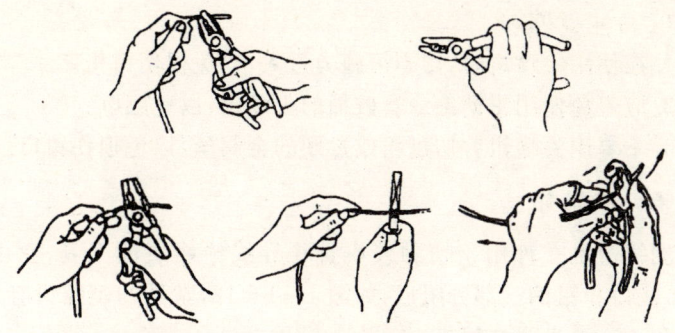

图1—1—10 钳头各部位的用途

在使用钢丝钳的时候,右手握住钳柄,以右手小指向外推动,使得钳柄张开,同时钳口也会受力张开,用钳口夹住需要弯、切的物件,然后将拇指与其它四指一起收紧,当钳口将物件夹紧时可通过不同方向、不同力度的施力完成工作。

六、尖嘴钳

尖嘴钳具有头部尖细的特征,适宜在狭小的空间使用,主要用于将导线弯曲为所需形状或夹持较小的螺钉、垫圈等。它主要分为尖头、刃口、钳柄三个部分,按照其长度,又可将尖嘴钳分为130毫米、160毫米和180毫米三种不同的规格,如图1—1—11。

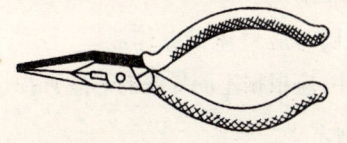

图1—1—11 尖嘴钳

(一)尖嘴钳的使用方法

1.尖嘴钳可夹持体积较小的螺丝、螺母、垫圈等物件。

2.尖嘴钳的刃口也可用于切断直径较小的金属丝。

3.将导线弯曲成圆弧状接线环的方法如下:用左手拇指与食指捏住电线,右手握尖嘴钳的钳柄,夹住导线头部一定长度,先向左侧扳约90°然后向右弯曲成合适的线圈状即可。

(二)注意事项

1. 在使用尖嘴钳时,切不可施力过大,以免损伤钳头。
2. 应避免使用钳柄绝缘套破损的尖嘴钳,以免触电。
3. 不要用尖嘴钳剪切过粗或过硬的金属丝,以免损伤钳口。

七、剥线钳

剥线钳是一种用于切剥较小直径导线绝缘层的工具,它由刀口、压线口和钳柄三部分组成,如图1—1—12,常见的剥线钳有140毫米和180毫米两种规格。

(一)剥线钳的使用方法

用左手持导线,右手握钳柄,将导线放在大于芯线直径的切口上,然后右手向内紧握钳柄,导线头部绝缘层就会被切断滑出,如图1—1—13。

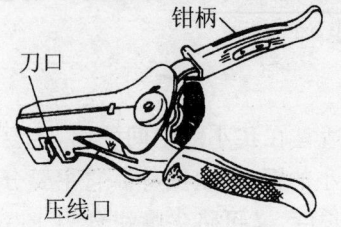
图1—1—12 剥线钳

图1—1—13 剥线钳使用方法

(二)注意事项

1. 在切剥绝缘层时应避免带电作业。
2. 在切剥过程中,应根据不同导线的芯线直径选择合适的刀口。

八、活络扳手

活络扳手即通常所说的活扳手、活动扳手,它的钳口可以在某个范围内自由调整。活络扳手可分为活络扳唇、呆板唇、扳手、蜗轮、轴销和手柄等部分,如图1—1—14。

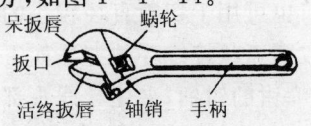
图1—1—14 活络扳手的结构

第一章 电工工具及测量知识

(一)活络扳手的使用方法

活络扳手使用简便,只需根据螺母的大小,以手指旋动蜗轮将扳口调节至略大于螺母即可使用,如果扳口调整不合适,则可在卡主螺母以后,用手指继续调节。

(二)注意事项

1. 活络扳手不可反用,以免使活络扳唇受到损害。
2. 不可将活络扳手用于撬、砸等动作。

第二节 电工测量的一般知识

一、直读式电工仪表的分类

1. 按照仪表所测对象的不同可将电工仪表分为:电流表、电压表、功率表、电度表、摇表等;

2. 按仪表所测电流种类的差异可将其分为:直流仪表、交流仪表和交直流两用仪表。

3. 按照仪表工作原理的异同可将其分为:磁电系仪表、电磁系仪表、电动系仪表、感应系仪表和整流系仪表。

二、电工仪表的选用

1. 电工仪表的准确度。在用电工仪表进行测量的时候,总会出现指示数值与实际数值的误差,误差越小的仪表准确度越高。目前我国生产的直读式电工仪表分为七个等级,即0.1级、0.2级、0.5级、1.0级、1.5级、2.5级、5.0级。

2. 电工仪表的型号。电工常用仪器型号意义如图1-2-1所示。

开关代号中:有数字则为开关板式仪表,没有数字则是携带式仪表。

系列代号中:C代表磁电系,D代表电动系,G代表感应系,L代表整流系,T代表电磁系。

设计序号中:通常会用1、2、3等数字表示某一类仪表的第几个设计系列。

9

用途代号中:kA 代表千安表,A 代表安培表,mA 代表毫安表,μA 代表微安表,kV 代表千伏表,V 代表伏特表,mV 代表毫伏表,W 代表瓦特表,kMh 代表电度表,M? 代表兆欧表。

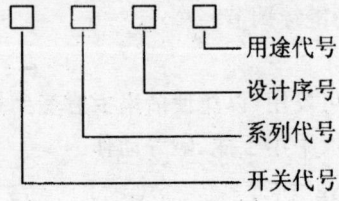

图 1-2-1

第三节　电工测量仪表的使用

一、电流表

电流表又称"安培表",是常见的电工测量仪表,通常可将其分为直流电流表和交流电流表,如图 1-3-1。

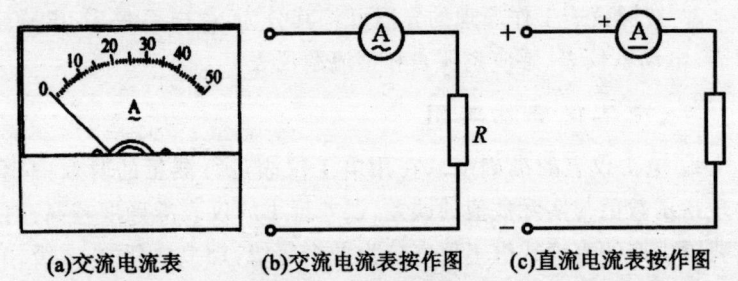

(a)交流电流表　　(b)交流电流表按作图　　(c)直流电流表按作图

图 1-3-1　电流表的外形

直流电流表是用以测量直流电路中电流的仪表,其标度盘上标有"—"号,按照直流电流表的测量范围通常将其分为微安表、毫安表、安培表、千安表四类。

交流电流表是用以测量交流电路中电流的仪表,其标度盘上标有"~"号,按照交流电流表的接线方式,可将其分为直接接入和经电流互感器二次绕组接入两种。

注意事项:

第一章 电工工具及测量知识

1. 在使用电流表的同时,应选择适当的量程,在读取数值以前也应该先看清电流表的量程。

2. 切勿将电流表直接接在电源上,否则会烧损电流表。

二、电压表

电压表又称"伏特表",是用以测量电压的仪表,如图1-3-2。通常可将其分为直流电压表和交流电压表。

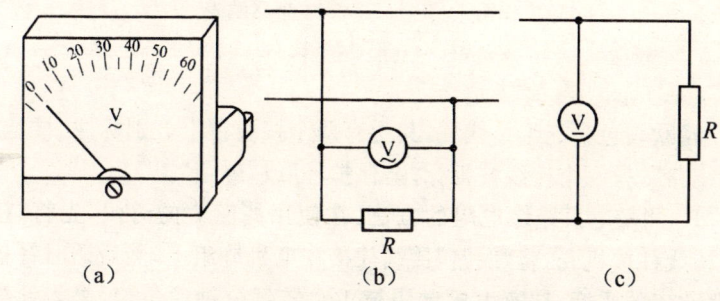

图1-3-2 电压表外形及接线
(a)交流电压表　(b)交流电压表接线图　(c)直流电压表按线图

直流电压表是用以测量直流电路中电压的仪表,其标度盘上标有"—"号,按照直流电压表的测量范围可将其分为:毫伏表、伏特表、千伏表。

交流电压表是用以测量交流电路中电压的仪表,其刻度盘上标有"～"号,按照其接线方式可将其分为低压直接接入式、高压经电压互感器接入式两种。

注意事项:

1. 在使用电压表时应选择适当的量程。
2. 电压表"+"端按触电源正极,"—"端按触电源负极。

三、兆欧表

兆欧表又叫摇表或绝缘电阻测定仪,是用来测量绝缘电阻和大电阻的仪表,如图1-3-3。按照额定电压可将兆欧表分为500伏、1000伏、2500伏和5000伏几种,一般来说,测量额定电压500伏以下的设备或线路电阻可采用500伏或者1000伏的兆欧表,而额定电压超过1000

伏以上的设备或电路则应选择 2500 伏的兆欧表进行测量。

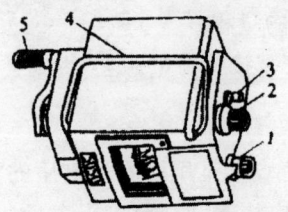

图 1—3—3　ZC.11 型兆欧表

1—接线柱 E　2—接线柱 L　3—接线柱 G　4—提手　5—摇把

（一）兆欧表的使用方法

兆欧表包含三个接线柱，其中有两个接线柱上分别标注"接地"和"线路"，另一个接线柱则标注"保护环"或"屏蔽"。

1. 测量电机绝缘电阻的方法：在使用兆欧表的时候，先将"接地"接线柱接机壳，将"线路"接线柱接在电机绕组上，然后顺时针摇动兆欧表的手柄，转速由慢增快至 120 转每分钟的匀速，等表针稳定下来即可读出数值，如图 1—3—4。

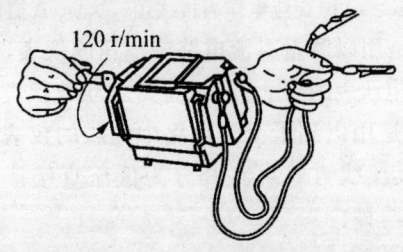

图 1—3—4　测量电机绝缘电阻示意

2. 测量电缆的绝缘电阻方法：将"接地"接线柱与"线路"接线柱分别接在电缆两端，再将"屏蔽"接线柱引线到电缆壳与芯线之间的绝缘层上，然后就进行测量。

（二）注意事项

1. 在使用兆欧表测量之前，应使其保持水平位置，左手按住表身，右手摇动兆欧表摇柄，转速约 120r/min，指针应指向无穷大（∞），否则说明兆欧表有故障。

第一章 电工工具及测量知识

2. 测量时必须正确接线。

3. 应保证兆欧表接线柱所引出导线绝缘性良好,在测量时也应保持两导线之间、导线与地面之间的距离,以免影响测量得准确度。

四、电度表

电度表又叫千瓦小时表,是常见的用以计量电功的仪表,一般来说,家用照明线路为单相,如图 1－3－5。

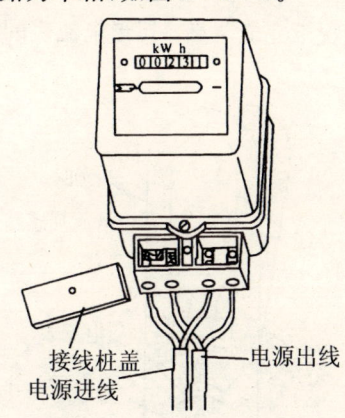

图 1－3－5 单相电度表

(一)电度表的接线方法

电度表的接线方式通常有单相与三相两种,其具体接线示意图如 1－3－6 所示。

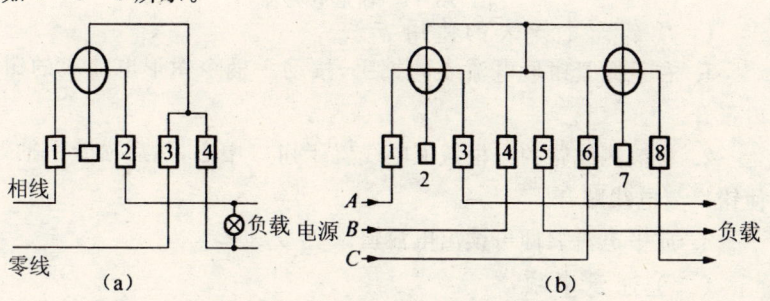

图 1－3－6 电度表的接线电路图
(a)单相电度表接线图 (b)三相电度表接线图

(二)注意事项

1. 电度表不宜安装与潮湿、高温、多尘的环境。
2. 电度表须垂直安装,否则会影响其准确性。
3. 电度表的使用过程中,电路不能短路或过载。

五、钳形电流表

钳形电流表是一种测量交流电流的专用仪表,它可以在不影响被测电路正常运行的情况下完成测量。钳形电流表的构造如图1-3-7所示。

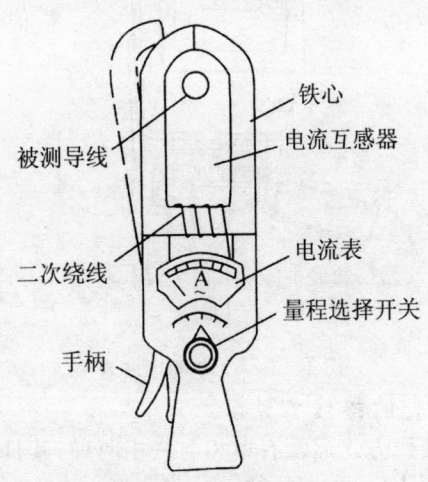

图1-3-7 钳形电流表

(一)钳形电流表的使用方法

1. 右手握紧钳形电流表的把手,按动手柄令钳形电流表的钳口张开。
2. 将被测线路的一根截流电线置于钳口中心,然后松开手柄,使钳口与电线贴合。
3. 放平电流表即可读出电流值。

(二)注意事项

1. 不能用钳形电流表测量高压线路的电流。
2. 在测量以前应估计被测电流的大小,然后选择较合适的量

第一章 电工工具及测量知识

程,切不可以小量程测量较高电流。

3. 测量时应注意铁心表面有无锈痕,如果有则需清除后再进行测量,否则将会影响测量的准确度。

六、万用表

万用表是一种常见的电工测量仪表,具有测量电流、电压、电阻等功能,其外形如图1-3-8。

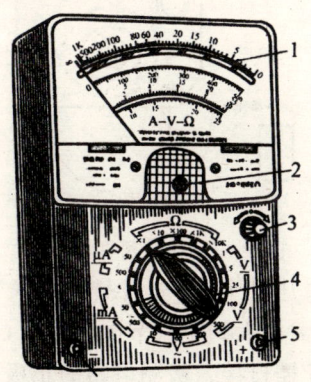

图1-3-8 万用表

(一)万用表的使用方法

万用表使用前先要校零,确保指针指向"0"的位置,如果指针并未指向"0",则可通过调零钮进行调整,如图1-3-9。

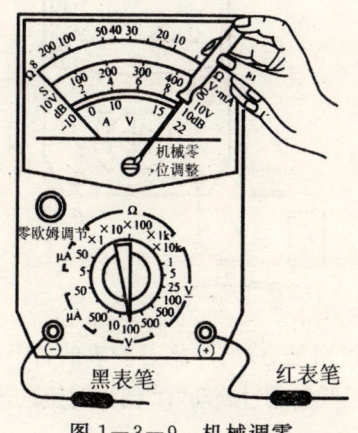

图1-3-9 机械调零

1. 万用表测量电流的方法：将转换开关扳向 mA 的位置，然后把万用表串入电路，若万用表有测量交流电流的功能，则应把转换开关扳向 A 处，如图 1－3－10。

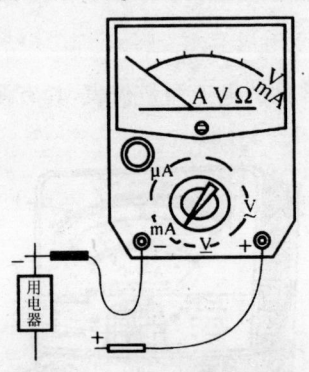

图 1－3－10　测直流电流

2. 万用表测量电压的方法：先将转换开关指向"V"，如果无法估计电压的范围，则需由大到小调节电压档位；在测量直流电压时，首先应将表面的"＋"插口接入被测电路的正极，将"－"插口接入电路负极，万用表与被测电器应并联在一起，如图 1－3－11，连接完成，等指针稳定以后即可读出数值。

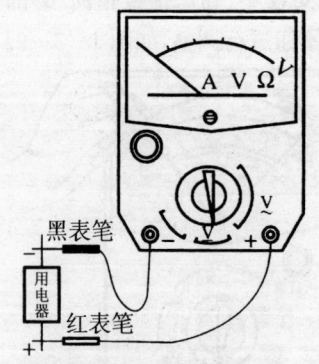

图 1－3－11　测直流电压

3. 万用表测量电阻的方法：先将万能表的转换开关指向"Ω"的位置，然后将表笔短接，开始通过旋动"Ω"调零旋钮进行对万用表的调试，

第一章 电工工具及测量知识

指针指向"0"后即可开始测试,如果表针始终无法指向"0",则说明万用表电池可能没电了,需要更换新电池后方可进行测试,如图1-3-12。在用万用表测量电阻时,应通过估算电阻值的大小而选择合理的档位,表盘上通常刻有×1、×10、×100、×1k、×10k 的符号,以此表示测量的倍率,测量时表头读数和倍率的积即为所测电阻的电阻值。但在测量电阻的同时应切开电源,不可进行带电操作。

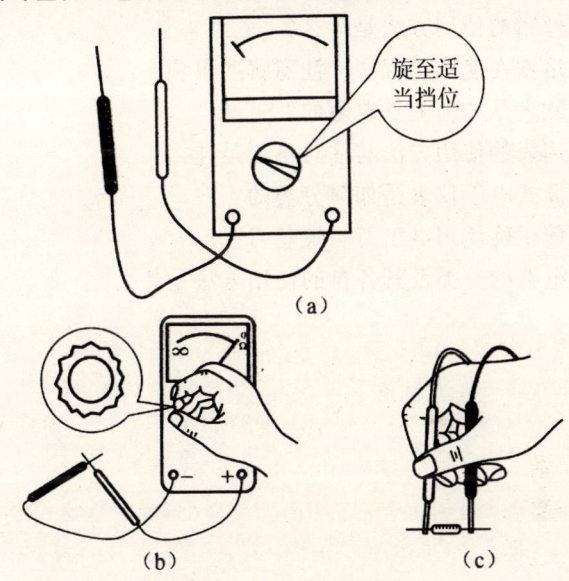

图1-3-12 测电阻
(a)选择适当挡位,指针指向零刻度 (b)机械调零 (c)测量电阻

(二)万用表的注意事项

1. 万用表在使用过程中应始终使其保持平稳。

2. 在使用万用表之前应调整好量程,拨对转换开关的位置,要根据不同的测量类编选择不同的档位。

3. 在测量电流和电压时,如果无法估计电流或电压的大致范围,则须用最大量程进行测试,若出现指针偏转较小的情况,可继续换档。

4. 在测量的过程中,不可带电拨动转换开关。

5. 在测量过程中,尽量避免以手或其他物质接触被测物,以免

影响测量的准确性。

  6.测量完毕后须将万用表的转换开关转到交流电压最大量程的位置,以防下次测量忘记改变转换开关而烧损万用表。

习题

1. 钢丝钳的使用方法是什么?
2. 电烙铁在使用过程中应注意哪些事项?
3. 兆欧表是如何测量电阻的?
4. 万用表的使用方法与注意事项是什么?
5. 直读式电工仪表是如何分类的?
6. 如何正确使用电工刀与螺丝刀?
7. 验电器的分类及其各自的使用方法是什么?

第二章　电工材料的选择与导线的连接

> 本章学习目标:
> 1. 了解和掌握电工材料的选择与使用。
> 2. 了解和掌握导线的连接与绝缘层的恢复方法和技能。

　　选择与处理电工材料、导线的连接与拆分均是电工工作中的重点。必须对电工材料有足够的认识,对导线的处理有熟练的操作,才能更高效、更安全地进行电工操作。本章对电工材料的选择与导线的连接进行详细讲解。

第一节　电工材料的选择与使用

　　电工材料包括电动机、电气工程、照明器具等所使用的各种电缆、电线和电器中某些容易导电或不导电的材料。这些材料又可分为导电材料和绝缘材料,其中铝、铜等金属为易导电的物质,称为电的导体;玻璃、空气等属于不导电的物质,通常被称为绝缘物质。

一、导电材料

(一)裸导线

　　有金属导体却并无绝缘层的电线即裸导线,它有单线、绞合线、特殊导线合型线和型材之分。裸导线通常被用于交通、通信工程、电力。具体如表 2-1-1 所示。

表2－1－1　裸导线的分类、型号、特性及主要用途

分类	名称	型号	截面范围/mm²	主要用途	备注
裸单线	硬圆铝单线 半硬圆铝单线 软圆铝单线	LY LYB LR	0.06～6.00	硬线主要作架空线用。半硬线和软线作电线、电缆及电磁一的线心用；亦可作电机、电器及变压器组用	
	硬圆铜单线 软圆铜单线	TY TR	0.02～6.00		可用LY、LR代替
	镀锌铁线		1.6～6.0	用作小电流、大跨度的架空线	具有良好的耐腐蚀性
裸绞线	铝绞线	LJ	10～600	用作高、低压架空输电线	
	铝合金绞线	HLJ			
	钢心铝绞线	LGJ	10～400	用于拉力强度较高的架空线	
	防腐钢心铝绞线	LGJF	25～400	用于架空输电线	
	硬铜绞线	TJ		用作高、低压架空输电线	可用铝制品代替
	镀锌钢绞线	GJ	2～260	用作农用架空线或避雷线	

第二章　电工材料的选择与导线的连接

续表

分类	名称	型号	截面范围/mm²	主要用途	备注
裸型线	硬铝扁线 半硬铝扁线 软铝扁线	LBY LBBY LBR	a:0.80~7.10 b:2.00~35.5	用于电机、电器设备绕组	
	硬铝母线 软铝母线	LMY LMR	a:4.00~31.5 b:16.00~125.00	用于配电设备及其他电路装置中	
裸型线	硬铜扁线 软铜扁线	TBY TBR	a:0.80~7.10 b:200~35.00	用于安装电机、电器、配电设备	
	硬铜母线 软铜母线	YMY TMR	a:4.00~31.5 b:16.00~125.00		
裸软接线	铜电刷线 软铜电刷线 纤维编织镀锡铜电刷线	TS TSR TSX	0.3~16	用于在电机、电器及仪表线路上连接电刷	
	纤维编织镀锡铜软电刷线	TSXR	0.6~2.5		
	铜软绞线	TJR	0.06~5.00		
	镀锡铜软绞线	TJRX	0.06~5.00		
	铜编织线 镀锡铜编织线	TZ TZX	4~120	用作电气装置、电子元器件连接线	

（二）电磁线

用于实现磁能与电能相互转换,且包含绝缘层的导线被称作电磁线。电磁线多被用于电机制造、变压器的制造等。它可按照其绝缘的特点和用途分为绕包线、漆包线、无机绝缘线以及特种电磁线

四种,可根据不同的工作环境、击穿强度、导线截面和耐热等级等多方面因素选择不同种类的电磁线,若有特殊的要求则须选用专用电磁线。

1. 绕包线

绕包线指的是绝缘物在裸导线上紧密绕包,从而形成绝缘层的电磁线,它一般被用于大中型的电工产品中。

2. 漆包线

用漆膜包裹裸导线,从而形成绝缘层的电磁线被称作漆包线。它的特点是漆膜牢固、均匀、光滑,但却薄而轻便。漆包线通常采用有机合成分子化合物作为原材料,可广泛应用于中、小电机、变压器等电气的制造与安装。一般来说,漆包线又可根据其漆膜和使用特点分为普通漆包线和特种漆包线。

3. 无机绝缘线

无机绝缘电磁线包括铝线与铜线,有耐辐射、耐高温的特点,按照绝缘层的不同可将无机绝缘电磁线分为有氧化膜的或氧化膜外涂漆、陶瓷或玻璃的。

二、常用线管布线的用途和种类

线管布线简称线管,即将绝缘层穿在管内敷设。这是一种安全可靠,并可使电线有效避免腐蚀或机械损伤的布线方式,这种方法在工业厂房和公用建筑中广泛应用。

通常来说,线管布线可分为明线与暗线,其中明线的敷设应讲究整齐美观、横平竖直;而暗线的敷设则须注重弯头少、管路短的原则。

在施工中,常用的线管有电线管(TC)、焊接钢管(SC)、水煤气钢管(RC)、聚氯乙烯硬质电线管(PC)、聚氯乙烯半硬质电线管(FPC)、聚氯乙烯塑料波纹电线管(KPC)、钢制线槽或聚氯乙烯线槽等。

绝缘电线穿管时管内的容线面积有以下要求:若为1～6平

第二章 电工材料的选择与导线的连接

方毫米时须按不大于电线管内孔的33%计算;为10~50平方毫米时则须按照不大于电线管内孔总面积的27.5%计算;如果为70~150平方毫米,则须按照不大于电线管内孔面积的22%来计算;如果是三根或三根以上绝缘电线须穿于同一线管,则其绝缘电线截面面积应限制在管内截面面积的40%以内;若为两根绝缘线共同穿过同一线管,则须确保管内径不小于两根电线外径和的1.35倍。

此外,在绝缘线穿管时还须注意以下几点:首先,当绝缘电线作为配电线路线槽在支架或墙上进行安装时,线槽的内容线面面积应按不大于线槽有效截面1/5为准进行计算;其次,若绝缘电线作为配电线路线槽仔地面内进行安装时,它的线槽内容线面积应按不大于线槽截面2/5进行计算;第三,当绝缘线作为信号、控制、弱电线路线槽进行安装时,它的线槽内容线面积须限制在线槽有效截面积的50%以内。

三、绝缘材料

绝缘材料即电介质,它在直流电压得作用下,几乎没有电流通过或只有及其微小的泄漏电流通过,因此,通常认为绝缘材料是不导电的。它广泛应用于电气工程中,是一种用途最广、用量最大,且品种最多的一种电工材料。

(一)绝缘材料的分类和用途

绝缘材料有封闭带电体,隔离电位不同导体以防导体发生短路的作用,还有支撑、固定、防潮、防毒等多重功效。

根据绝缘材料的化学成分可将其分为无机绝缘材料、有机绝缘材料以及混合材料三种;若按照绝缘材料的物理状态可将其分为液体绝缘材料、气体绝缘材料和固体绝缘材料。绝缘材料的具体分类与特点如2—1—2所示。

表 2—1—2　绝缘材料的分类及特点

序号	类别	主要品种	特点及用途
1	气体绝缘材料	空气、氮、氢、二氧化碳、六氟化硫、氟里昂	具有良好的绝缘性能和散热性,无腐蚀性,导热性好。用于高压电器中的特殊气体具有高的电离场强和击穿场强,击穿后能迅速恢复绝缘性能,不燃、不爆、不老化。
2	液体绝缘材料	矿物油、合成油、精制蓖麻油	电气性能好,闪点高,凝固点低,性能稳定,无腐蚀性。主要做变压器、油开关、电容器、电缆的绝缘、冷却、浸渍和填充
3	绝缘纤维制品	绝缘纸、纸板、纸管、纤维织物	经浸渍处理后,吸湿性小,耐热、耐腐蚀、柔性强,抗拉强度高。主要用作电缆、电机绕组等的绝缘
4	绝缘漆、胶、熔敷粉末	绝缘漆、环氧树脂、沥青胶、熔敷粉末	以高分子聚合物为基础,能在一定条件下固化成绝缘膜或绝缘整体,起绝缘与保护作用
5	浸渍纤维制品	漆布、漆绸、漆管和绑扎带	以绝缘纤维制品为底料,浸绝缘漆,具有一定的机械强度、良好的电气性能,耐潮性、柔软性好。主要用作电机、电器的绝缘衬垫,或线圈、导线的绝缘与固定
6	绝缘云母制品	天然云母、合成云母、粉云母	电气性能、耐热性、防潮性、耐腐蚀性良好。主要用于电机、电器主绝缘和电热电器的绝缘
7	绝缘薄膜、粘带	塑料薄膜、复合制品、绝缘胶带	厚度薄,柔软,电气性能好,用于绕组电线绝缘和包扎固定

第二章 电工材料的选择与导线的连接

续表

序号	类别	主要品种	特点及用途
8	绝缘层压制品	层压板、层压管	用纸或布作底料,浸或涂上不同的胶粘剂,经热压或卷制成层状结构后,电气性能良好,耐热,耐油,便于加工。广泛用作电气绝缘构件
9	电工用塑料	酚醛塑料、聚乙烯塑料	由合成树脂、填料和各种添加剂配合后,在一定温度、压力下,加工成各种形状,具有良好的电气性能和耐腐蚀性,可用作绝缘构件和电缆护层
10	电工用橡胶	天然橡胶、合成橡胶	电气绝缘性好,柔软,强度较高,主要用作电线、电缆绝缘

(二)绝缘材料的耐热等级

可按照绝缘材料的耐热等级将其分为七个级别,如表2-1-3所示。

表2-1-3 绝缘材料的耐热等级

级别	耐热等级定义	相当于该耐热等级的绝缘材料	极限工作温度
Y	经过试验证明,在90℃极限温度下,能长期使用的绝缘材料或其组合物所组成的绝缘结构	天然纤维材料及制品,如纺织品、纸板、木材等,以及以醋酸纤维和聚酰胺为基础的纤维制品和塑料	90℃

续表

级别	耐热等级定义	相当于该耐热等级的绝缘材料	极限工作温度
A	经过试验证明,在105℃极限温度下,能长期使用的绝缘材料或其组合物组成的绝缘结构	用油或树脂浸渍过的Y级材料,漆包线,漆布、漆丝的绝缘、层压木板等	105℃
E	经过实验证明,在120℃极限温度下,能长期使用的绝缘材料或其组合物质组成的绝缘结构	玻璃布、油性树脂漆、环氧树脂、胶纸板、聚酯薄膜和A级材料的复合物	120℃
B	经过试验证明,在130℃极限温度下,能长期使用的绝缘材料或其组合物质组成的绝缘结构	聚酯薄膜、云母制品、玻璃纤维、石油等制品,聚酯漆等	130℃
F	经过试验证明,在155℃极限温度下,能长期使用的绝缘材料或其组合物质组成的绝缘结构	用耐油有机树脂或漆黏和、浸渍的云母、石棉、玻璃丝制品,复合硅有机聚脂漆等	155℃
H	经过试验证明,在180℃极限温度下,能长期使用的绝缘材料或其组合物质组成的绝缘结构	加厚的F级材料,复合云母、有机硅云母制品,硅有机漆,复合薄膜等	180℃
C	经过试验证明,在超过180℃极限温度下,能长期使用的绝缘材料或其组合物质组成的绝缘结构	用有机黏合剂及浸渍剂的无机物,如石英、石棉、云母、玻璃和电瓷材料等	180℃以上

第二章 电工材料的选择与导线的连接

第二节 导线的连接与绝缘层的恢复

导线的连接点在低压系统中是故障率最高的部位,导线的连接和绝缘层修复质量是影响电气设备与线路安全可靠运作的重要因素。导线的连接方法较多,但绞接、缠绕连接、焊接和管压接是最常用的四种接线方法;出线端与电气设备的连接也有直接连接与经接线端子连接两种方式之分。导线连接的基本要求包括:接触紧密、连接可靠、耐腐蚀、绝缘性好、机械强度高。

一、导线绝缘层的剥削

在导线连接以前,只有将导线端的绝缘层去掉,使导线线芯能够紧密接触才能确保导线连接后的正常使用。导线绝缘层的剥削需根据接头方法和导线截面的差异而不同,如图2—2—1所示,

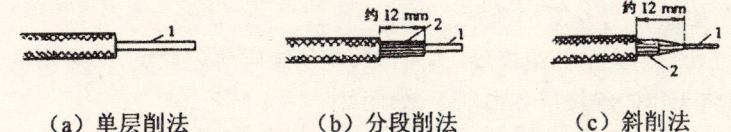

(a) 单层削法　　　(b) 分段削法　　　(c) 斜削法

图 2—2—1　导线绝缘层的削法
1—芯线　2—绝缘层

1. 塑料硬线绝缘层的剥削

截面4平方毫米以下塑料导线绝缘层的剥削可用钢丝钳进行剖削,具体方法如下:

(1)左手紧捏导线,右手持钢丝钳,根据所需线头的长度用钢丝钳进行切剥,但在切剥过程中,钢丝钳不可深入线芯,以防损伤导线。

(2)右手紧握钢丝钳的钳头部分,待夹紧导线绝缘层以后,右手用力向右侧推拉,线端绝缘层会随之剥落,如图2—2—2所示。如果切剥后线芯完好无损,则可进行连接,如果出现较大损伤,则应重新切剥。

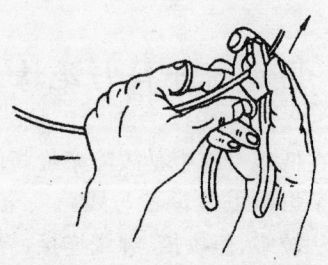

图2-2-2 钢丝钳去除导线绝缘层

截面在2平方毫米以下的塑料硬导线绝缘层可采用电工刀进行切剥,具体方法如下:

(1)左手紧捏导线,然后根据所需线头的长度,将电工刀以45°角倾斜切入绝缘层中,如图2-2-3(a)所示。在切剥过程中,不能将电工刀垂直切入绝缘层,也不可用力过大削透绝缘层直接损伤线芯。

(2)在剥削过程中,电工刀刀面须与芯线始终保持25°左右的角度,然后用力向导线线端推削,这样上面的一层绝缘层会被顺利切剥,如图2-2-3(b)所示。

(3)削去上侧绝缘层后,随即所剩绝缘层向后翻扳,最后用电工刀将无用的绝缘层齐根削去,如图2-2-4所示。

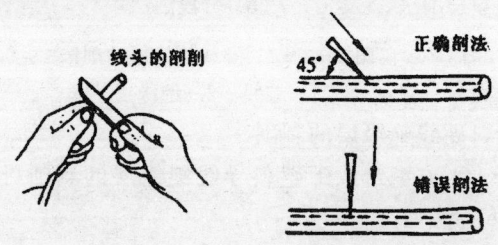

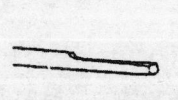

图2-2-3 (a)电工刀以45°角倾斜切入塑料绝缘层

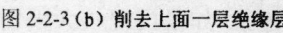

图2-2-3(b) 削去上面一层绝缘层　　图2-2-4 向后扳翻剩余绝缘层

第二章 电工材料的选择与导线的连接

2. 塑料软线绝缘层的剥削

塑料软线绝缘层不可采用电工刀进行切剥,以免对线芯造成较大的损害,可通过剥线钳或钢丝钳对其进行切剥,具体方法与塑料硬线的切剥相同。

3. 塑料护套线绝缘层的剥削

塑料护套线通常是由公共护套层和芯线绝缘层构成,可以采用电工刀对其绝缘层进行切剥。具体方法如下:

(1)先确定所需线头的长度,然后将电工刀的刀尖对准芯线的缝隙将护套层轻轻划开,如图2-2-5所示。

(2)将划开的护套层向后翻扳,然后用电工刀将其齐根削去,如图2-2-6所示。

(3)待护套层切掉以后,可根据线头的长度需求对导线的绝缘层进行切剥,具体方法与塑料硬绝缘层的切剥方法类似,可用电工刀,也可使用钢丝钳。

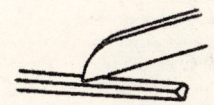

图2-2-5 刀在芯线缝隙间划开护套层

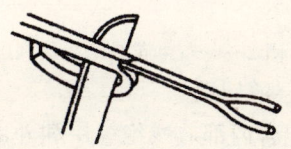

图2-2-6 扳翻护套层并齐根切去

4. 橡皮线绝缘层的切剥

因橡皮线的绝缘层外部还有较为柔韧的纤维纺织层,它的切剥方法也应分两步实现,具体方法如下:

(1)先将橡皮线的纤维纺织层按照切剥护套线护套层的方法

切去。

(2)按照切剥套线绝缘层的方法将橡胶层削掉,然后将橡皮线中的棉纱层散开至根部,最后用电工刀全部切去。

5.花线绝缘层的剥削

花线绝缘层有外层和内层之分,通常来说,外层由较为柔韧的棉纱纺织品构成,而内层则是由橡胶绝缘层和棉纱层组成,它的切剥方法具体如下:

(1)先确定所需线头的长度,然后根据这一长度在棉纱纺织品保护层的四周用电工刀切割一圈,随即拉去切割下的棉纱纺织物。

(2)用钢丝钳的刀口在距离棉纱纺织品保护层约10毫米左右处切割橡胶绝缘层,切割过程中可用右手紧握钳头,左手将花线用力抽拉,橡胶层即会从钳口勒出,但在以上操作的同时须把握好力度,不可因用力过度将芯线勒断,或出现较为严重的损伤。

(3)用电工刀将露出的棉纱层割断即可,如图2-2-7所示。

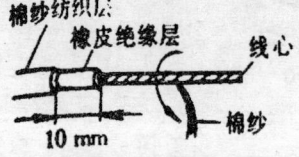 

(a)散开棉纱层　　　　　　(b)割断棉纱层

图2-2-7　花线绝缘层剖削

6.铅包线绝缘层的切剥

铅包线绝缘层包含内部芯线绝缘层和外部铅包层,它的切剥方法如下:

(1)按照所需线头的长度用电工刀将铅包层切割一刀,如图2-2-8(a)所示。

(2)用双手紧握切口两侧的导线,然后同时扳动切口处,铅包层会随之沿切口折断,随即便可将铅包层剥落,如图2-2-8(b)所示。

(3)可按照塑料线绝缘层的剥削方法对铅包线绝缘层进行切剥,如图2-2-9所示。

第二章 电工材料的选择与导线的连接

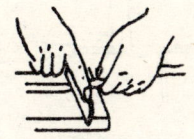  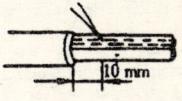

图 2-2-8 剖切铅包层　　图 2-2-8 折板和拉出铅包层　　图 2-2-9 剖削芯线绝缘层

7. 漆包线绝缘层的去除

漆包线的绝缘层多由绝缘喷漆喷涂与芯线上而成，不同规格的漆包线可通过不同的方法去除绝缘层。通常来说，直径小于 0.1 毫米的漆包线，可用细砂纸或纱布将其绝缘层轻轻擦去，擦拭过程中应施力均匀，切不可将漆包线折断；如果是直径大于 0.6 毫米以上的漆包线，则可采用细砂纸磨擦或用刀片轻轻刮磨的方式去除绝缘层。

8. 橡套软线绝缘层的剥削

橡套软线内部每根线芯上均附有橡皮绝缘层，外部还有包护套保护。由于外部包护套较厚，故可采用切除塑料层的方法，通过电工刀对其进行切剥，而芯线的绝缘层则可通过钢丝钳进行清除。

二、导线的连接

由于绝缘导线的芯线包括单股、7 股、19 股等多种规格，故导线的连接方法也会因其规格的差异而不同。

（一）铜心导线的连接方法

1. 单股铜心导线的直线连接。连接时先将两导线的芯线头做 X 状交叉，如图 2－2－10 所示；然后将两导线的线头相互绞合 2～3 圈后扳直两根线头，如图 2－2－11 所示；再将每个线头紧贴另外一根导线缠绕 6 圈，缠绕完毕后可将多余的线头用钢丝钳切除，并钳平芯线末端，如图 2－2－12。

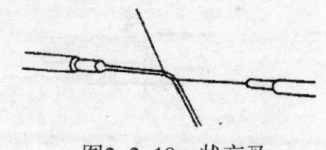

图2-2-10 ×状交叉　　　　图2-2-11 绞合后扳直

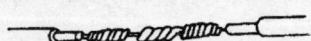

图2-2-12 单股铜心导线的直线连接

2. 单股铜心导线的T字分支连接。如图2-2-13所示,先将支路芯线的线头和干线的芯线进行十字交叉,在支路的芯线根部须留出越3~5毫米长的裸线,将线头按顺时针方向紧贴干线进行缠绕,约缠绕6~8圈即可将多余的线头用钢丝钳切除,最后将芯线末端用钳子钳平。

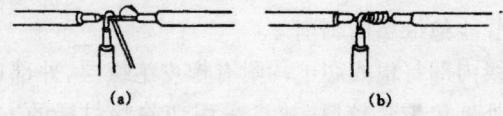

图2-2-13 单股铜心导线的T字分支连接

若导线的截面较大,则可采用缠绕法进行连接,具体方法与单芯导线的直线连接相同,如图2-2-14所示;如果芯线的截面面积较小,则可先把支路芯线的线头和干路芯线进行十字交叉,支路芯线的根部仍需留出约3~5毫米的裸线,然后把支路的芯线在干线上打结,继而可把支路芯线扳直拉紧,然后紧贴干线进行缠绕,缠绕长度约为芯线直径的1~8倍,如图2-2-15所示。

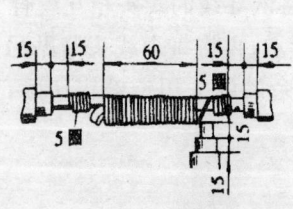
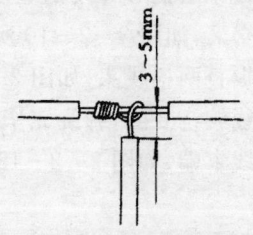

图2-2-14 截面较大的单芯　　图2-2-15 截面较小的单芯
导线的T形连接(单位:mm)　　导线的T形连接

第二章 电工材料的选择与导线的连接

3. 多股铜心导线的直线连接和 T 字分支连接

在直线的连接过程中,如果出现芯线股数太多的情况则可将其中几股剪去再进行连接,但须在芯线的根部留出一定的长度进行相互绞合,隔股对叉,分组缠绕。在 T 型连接中,也可采用将支路芯线进行分股后沿干线两侧分别缠绕。此外,还可以采用接头焊接的方式进行连接,这样可以大大增加机械的强度,并能改善其导电的性能。常见的连接方法如图 2—2—16 所示。

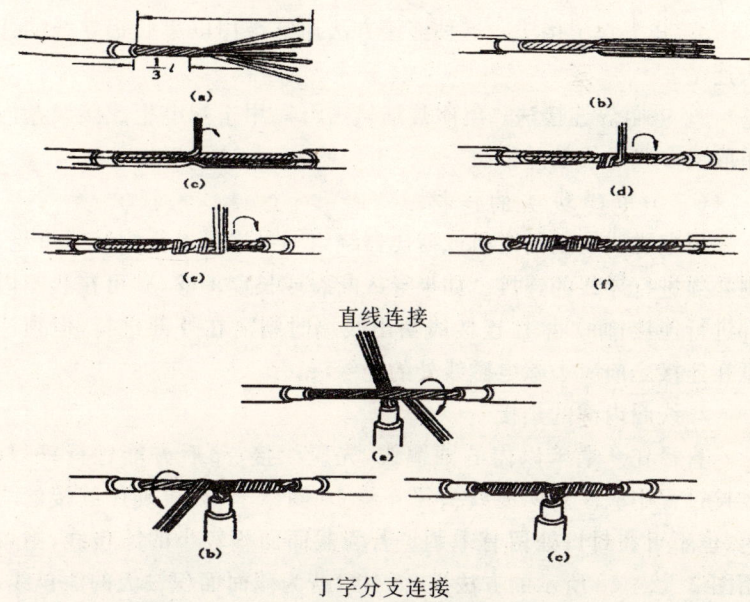

图 2—2—16　7 股铜心导线的 T 字形分支连接

4. 单股导线和软线的连接

在将软线和单股硬导线进行连接以前,可先将软线拧合为单股导线,然后将软线线头在单股硬导线上贴紧缠绕约 7~8 圈,缠绕完毕可将单股硬导线的线头向后弯曲,这样可以有效防止绑线的脱落,如图 2—2—17 所示。

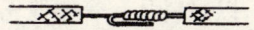

图 2—2—17　软线与单芯硬导线的连接

(二)铝心导线的连接

因铝的表面非常容易被氧化,从而引起接头电阻增大,故铝线不宜采用铜心导线的连接方法。一般来说,铝线可采用以下几种方法进行接头连接。

1. 沟线夹螺钉压接法。此连接法适用于负荷较小的单股芯线连接。

2. 压接管压接法。这种连接方法通常用于室外负荷较大的多根铝心导线的直接连接。

3. 并头管压接法。这种连接方法通常被用以单股铝导线的并头连接。

4. 电阻焊连接法。电阻焊连接法可以用于配电柜或接线盒内单股或多股导线的并接。

(三)电磁线头的连接

用电磁线绕制的电机或变压器绕组如果需要进行维修或重绕,则必须进行导线的连接。如果导线断裂或长度不够,则可在线圈内部进行连接;而如果在连接线圈出线端时则需在外部进行,但须注意在连接之前应去除电磁线外的绝缘层。

1. 线圈内部的连接

直径在2毫米以内的圆铜线,先应绞接,然后方能进行钎焊。绞接过程中应注意两根线头须互绕10圈以上,且应确保绞接的均匀,也不可在封口处留有毛刺。若为截面面积较小的漆包线,则可用图2-2-18所示的方法进行绞接,若为截面面积较大的漆包线,则可用图2-2-19所示的方法进行绞接。

直径在2毫米以上的圆铜线,应先套接套管然后方能进行钎焊。套管通常用镀锡的薄铜片卷制而成,接口处存在缝隙,如图2-2-20所示。套管横截面一般为所用导线截面的1.2~1.5倍,其厚度约为0.6~0.8毫米为宜,其长度则通常为导线直径的8倍左右。在连接过程中,须将两线头末端相互对接于套管的中心位置,然后方能进行钎焊,以焊料从套管侧缝充分浸入关内,从而将二者连为整体为宜。

第二章 电工材料的选择与导线的连接

某些截面面积小于25平方毫米的矩形电磁线也可采用套管连接的方法进行连接。

图2—2—18 较小截面漆包线的绞接　图2—2—19 较大截面漆包线的绞接　图2—2—20 连接套管

2.线圈外部的连接

线圈外部的连接通常分为两类，一类为线圈之间的串联与并联等，如果需连接的线头截面较小则可采取绞接后钎焊的方法，若需连接的线头截面较大则可采取电弧焊的方法进行连接；另一类是制作线圈引出端头，这类端头的连接通常可采用图2—2—21所示的方法进行连接，也可采用直接钎焊的方式连接端头。

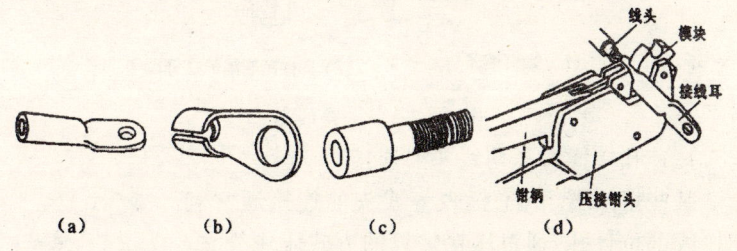

(a)大载流量用接线耳　(b)小载流量用接线耳　(c)接线桩螺钉
(d)导线与接线线头的压接方法

图2—2—21 线圈引出端头的连接

(四)接线端子(接线桩)与线头的连接

一般来说，电气装置、电气设备以及各种电器用具都设有用以连接导线的接线端子，常见的接线端子包括株型端子玉螺钉端子两种，如图2—2—22所示。

35

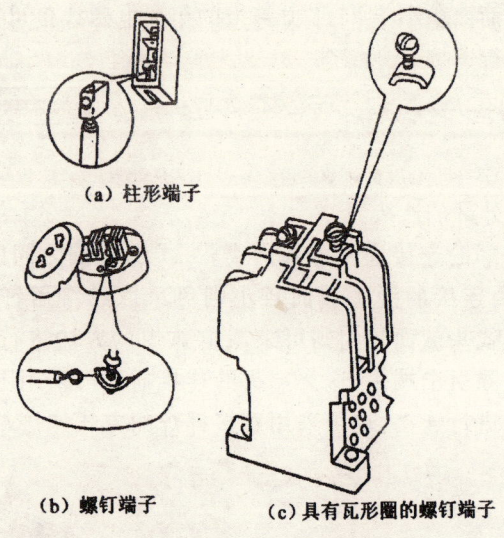

(a) 柱形端子

(b) 螺钉端子　　(c) 具有瓦形圈的螺钉端子

图 2—2—22　接线端子

1. 针孔接线端子与线头的连接

某些熔断器、电工仪表等线头的连接通常利用接线部位针孔,通过压接螺钉的方式压住线头,从而实现线头的固定与连接。一般来说,如果线路的容量较小则可只用一只螺钉进行压接,若线路容量较大或接头的质量要求比较高,则可采用两个螺钉进行压接。连接过程中,如果出现芯线较细的情况,可以把线头进行折叠,折成双股后在并排插进针孔;如果芯线较粗,可以把单股的芯线朝着针孔上方稍微弯曲,然后再插入针孔,这样可以有效避免压紧螺钉松动引起线头脱落,如图 2—2—23 所示。

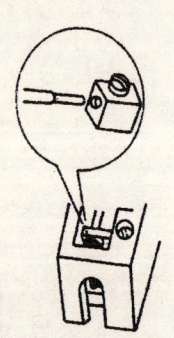

图 2—2—23　单股芯线与针孔接线压接法

在接线桩上连接多股芯线时,可先将芯线用钢丝钳进行绞紧,这样可确保在接螺钉顶压时不至于出现松散,但应使针孔与线头大小适宜,如图 2—2—24 所示。如果出现针孔过大的情况,可寻找一

第二章 电工材料的选择与导线的连接

根直径适宜的铝线进行捆扎,即在已经绞紧的线头上进行紧密地缠绕,最终使线头的大小与针孔相称,然后再进行压接,如图2－2－25;如果出现线头太大的情况,则可采取削减线头的方法,即将线头散开,适量去除其中几股后再将其绞紧,然后进行线头的压接即可,如图2－2－26。一般来说,7股芯线可去除1～2股,若为19股芯线的导线,则可去除1～7股。此外,在导线的连接过程中,无论是单股还是多股芯线都须将线头插入针孔最深处,但不可将绝缘层插入孔中,也不能使针孔外的裸线超过2毫米,以免发生危险。

图2-2-24针孔合适的连接

图2-2-25针孔过大时线头的处理　　图2-2-26针孔过小时线头的处理

2. 螺钉平压式接线桩与线头的连接

螺钉平压式接线桩同单股芯线(包括铝心线)的连接通常是采用半圆头、圆柱头或六角螺钉加垫圈将线头压紧来实现的。如果是载流量较小的单股芯线,则可将其端头弯曲成压接圈,然后用螺钉进行压紧固定。一般来说,压接圈应弯曲成圆形,这样可以确保接线桩与线头的充分接触,使连接更可靠。单股芯线的压接圈弯法如图2－2－27所示。

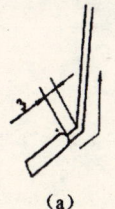 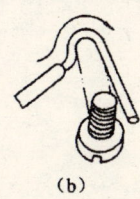 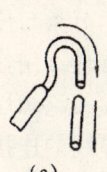 

(a)　　　　　(b)　　　　　(c)　　　　　(d)

(a)距根部约3mm处向外侧折角　(b)按略大于螺钉直径弯成圆弧
(c)剪去芯线余端　(d)修正圆圈

图2－2－27 单股芯线压接圈弯法

如果导线为截面面积在10平方毫米以内,7股以上的多股芯线,则可按照图2-2-28所示的方法进行弯制压接圈:先将绝缘层根部1/2长度的芯线进行绞紧,把绞紧的部分在绝缘层的根部向左侧折角,将其完成大小适度的圆弧;当圆弧即将弯曲为圆圈状时,应把剩下的线向右侧弯折,使其成为圆环,然后把导线与芯线线头并在一起,从折点取出两根折线线头,以顺时针方向进行缠绕,即可完成压接圈的弯制。

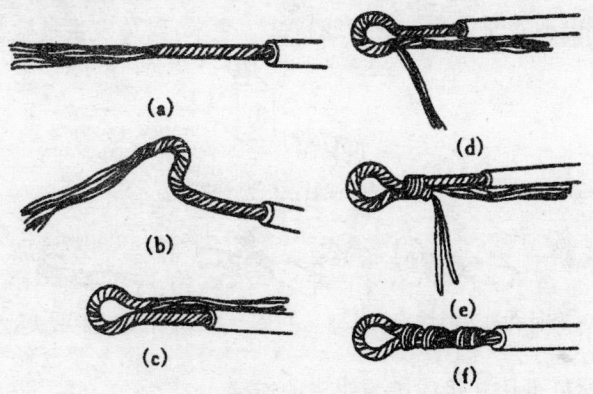

图2-2-28　7股以上多芯软导线压接圈弯法

习题

1.电工材料的含义是什么,它可以分为哪几类?
2.导电材料的分类与用途是什么?
3.绝缘材料有什么用途?
4.如何进行导线绝缘层的剥削?
5.如何进行导线的连接?

第三章 常用电器设备

> **本章学习目标**
> 1. 了解控制电器与保护电器的基本知识
> 2. 了解变压器的基本知识和故障处理方法。
> 3. 了解三相异步电路机的基本知识和掌握其维修方法。

工业生产中,电力拖动的应用越来越广泛,而各种电器组成的控制线路和保护线路,对电力拖动有着很重要的控制与保护作用。本章对常用的保护电器与控制电器,以及多种控制线路进行详细分析与讲解。

第一节 控制电器和保护电器

低压电器可按其动作方式分为自动电器和手动电器。自动电器指的是按指令、信号或某个物理量的变化可进行自动操作的电器;而手动电器则通常指通过手工操作的电器。低压电器又可按照其作用分为控制电器和保护电器。其中,控制电器是指诸如接触器、闸刀开关、按钮等完成控制作用的电器,而熔断器、热继电器等可以在电路中起到保护作用的电器被称作保护电器。

一、手动开关电器

(一)闸刀开关

闸刀开关俗称刀开关,它并不适宜在带负载下切断电源,而常被用做电源的隔离开关。闸刀开关通常是由紫铜刀刃、静插座与绝缘底板构成。

胶盖刀开关又叫开启式负荷开关,它结构简单,价格较低,维修也很方便,是最常见的照明电路电源开关,胶盖刀开关的外形结构和电气符号如图3—1—1所示。

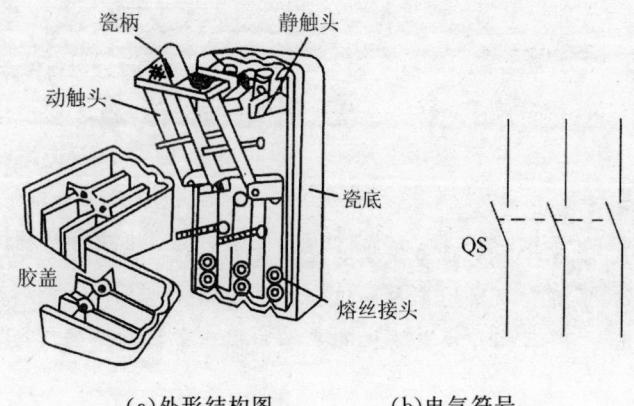

(a)外形结构图　　　　(b)电气符号

图 3-1-1　胶盖刀开关

(二)铁壳开关

铁壳开关又被称作封闭式负荷开关,它是由刀开关和熔断器一起组成,此外它还装有速断弹簧,能在最短时间内对负荷电流实施切断或接通。铁壳开关多被用于各种配电设备中手动不频繁接通和分断负载的电路。铁壳开关的外形结构和电气符号如图 3-1-2 所示。铁壳开关内的机械联锁装置,可以确保打开盒盖时无法合闸,而在合闸状态也不会打开盒盖。

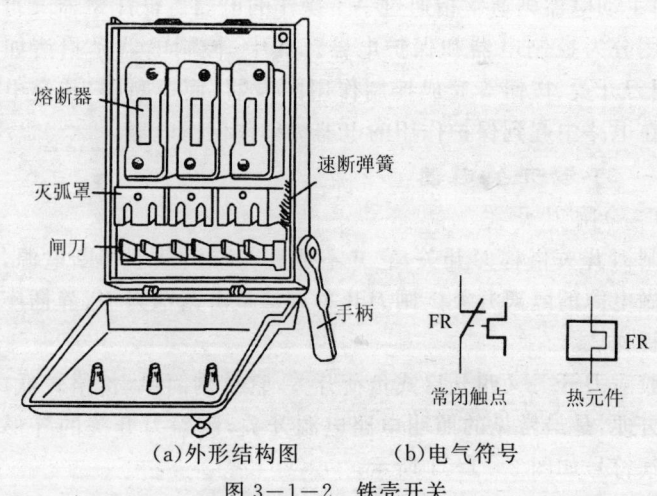

(a)外形结构图　　　　(b)电气符号

图 3-1-2　铁壳开关

(三)组合开关

组合开关即转换开关。它的动触片为转动式,也是一种刀开关。如果转动手柄,动触片就会插入相应的静触片,从而使电路接通。组合开关通常被用作电源引入开关或 5.5kW 以下电动机的直接启动、停止、正反转以及变速的控制。操作冲程中须注意,当控制电动机正反转时,必须确保电动机完全停止转动以后,方能接通电动机的反转电路。

(四)控制按钮

控制按钮俗称按钮,可在短时间内接通或断开小电流的电路,控制按钮一般分为停止按钮、启动按钮和复合按钮。按钮的外形结构和电气符号如图 3—1—3 所示。停止按钮必须为红色,而急停按钮必须为红色蘑菇头式,启动按钮必须安装防护挡圈,以防意外触动。

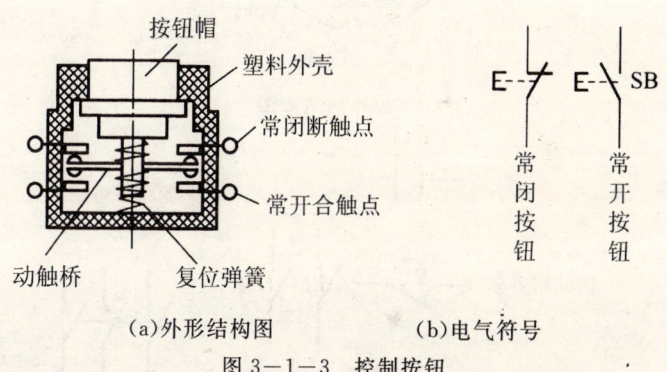

(a)外形结构图　　　(b)电气符号

图 3—1—3　控制按钮

二、自动切换电器

(一)交流接触器

交流接触器是一种用来频繁接通或切断交流电动机或大容量电器的主电路,交流接触器一般由电磁机构、触头系统、灭弧装置和辅助部件构成,其外形结构和电气符号如图 3—1—4 所示。交流接触器通过与按钮的配合,可以实现远距离控制。交流接触器有欠电压、失电压的保护作用,多被用于电动机、电焊机、小型发电机电

41

路上。

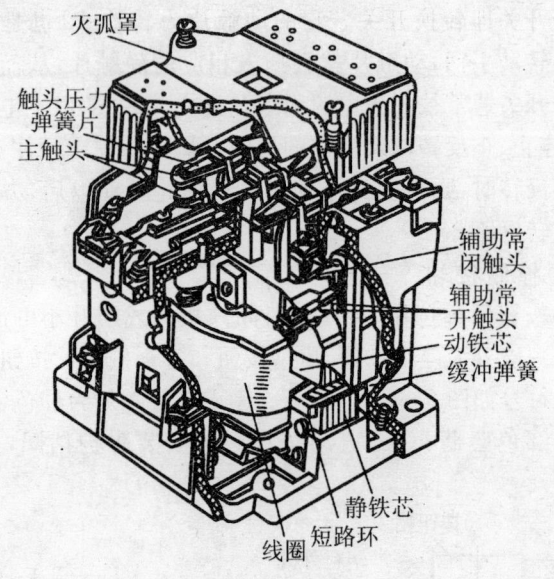

(a) 外形结构图

(b) 电气符号

图 3—1—4 交流接触器

1. 电磁机构。电磁机构一般由吸引线圈、静铁芯与动铁芯组成。线圈接上交流电源,静铁芯开始磁化,并产生吸力,吸引动铁芯带动动触头和静触头接触,从而使电路接通。若线圈断电,电磁吸力就会消失,从而使电路断开。

2.触头系统。交流接触器的触头有主触头和辅助触头之分。其中,主触头通常被用作接通和断开电流大的主回路,而辅助触头则多用来控制电流较小的控制回路。

3.灭弧装置。灭弧装置包括灭弧栅、灭弧罩灯多种。其中,灭弧栅的灭弧原理是当触头产生电弧时,电弧会被吸进栅片,因栅片具有分压和散热作用,故可使电弧很快熄灭。灭弧罩罩在主触头上,可使电弧在灭弧罩内迅速冷却,最终熄灭。

(二)熔断器

熔断器即保险丝,其主体多是由低熔点金属丝或金属薄片制成的熔体,一旦流过它的电流超过规定值一定时间,它本身所产生的热量就会使熔体迅速熔化,从而实现断电。常见的低压熔断器包括螺旋式、瓷插式和管式等多种形式。其常见外形如图3-1-5所示。

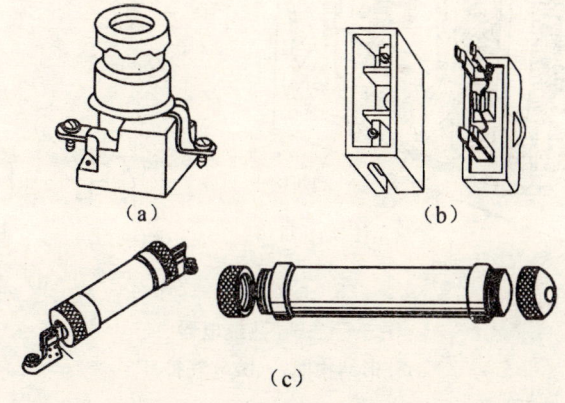

图3-1-5 常见熔断器外形
(a)螺旋式熔断器 (b)瓷插式熔断器 (c)管式熔断器

熔断器一般被串联在被保护的电路中,其类型的选用须根据实际场合确定,照明电路通常用瓷插式熔断器,电动机保护通常用螺旋式熔断器,电网配电则多用管式熔断器。

(三)热继电器

热继电器是一种常见的保护电器,它可以通过电流的热效应来推动动作机构,从而使触头闭合或断开。其发热元件串联在主电路中,动触点串联在被保护电路中,一旦出现电路过载,发热元件的热量就会使继电器动作机构发生动作,最终实现电路的断开。热继电器的外形结构和电气符号如图3—1—6所示。此外,热继电器不可作短路保护,无法替代熔断器的作用。

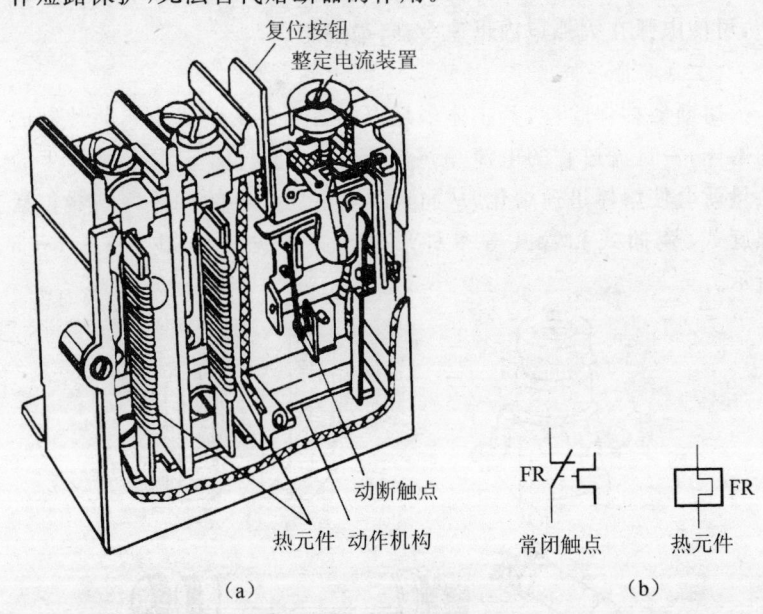

图3—1—6 热继电器
(a)外形结构图 (b)电气符号

(四)自动空气开关

自动空气开关又被称作自动空气断路器,它能自动切除线路的过载、短路或失压等故障,相当于闸刀开关、熔断器、热继电器和欠压继电器的组合。它多被用作电源开关,用于不频繁的线路控制和保护。它的外形结构和电气符号如图3—1—7所示。

第三章 常用电器设备

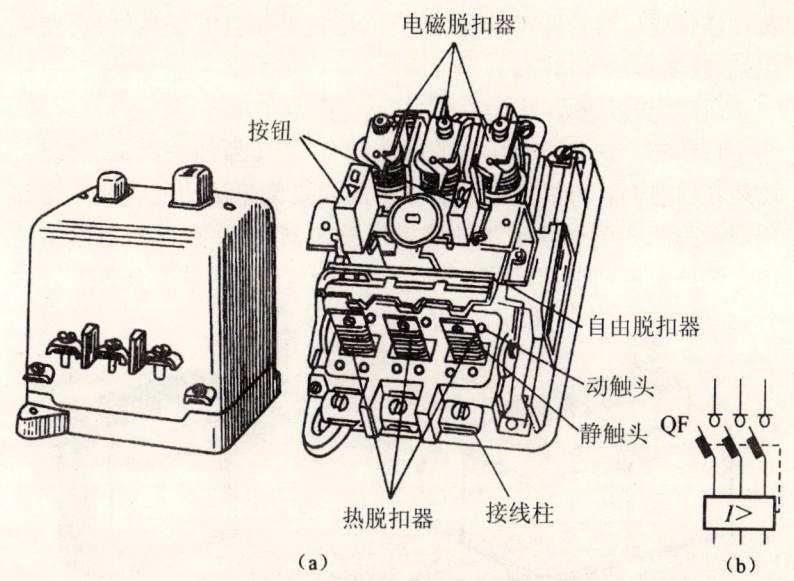

图 3—1—7 自动空气开关
(a)外形结构图 (b)电气符号

第二节 变压器

一、变压器的概述

（一）变压器的用途和种类

1. 变压器的分类。按变压器的用途，可将其分为电力变压器、仪用变压器、试验用变压器和特殊用途变压器等；按变压器绕组数目可将其分为单绕组（自耦）变压器、双绕组变压器、三绕组变压器和多绕组变压器等；按照变压器电源相数，可将其分为单相变压器、三相变压器和多相变压器等；如果按变压器的冷却方式，则可将其分为干式变压器、油浸式变压器和水冷式变压器等。

2.变压器的用途。输电、配电和用电所需的各种不同的电压,都是通过变压器转换得到的。此外,变压器还具有变换电流、变换阻抗、改变相位等功能。

(二)变压器的结构

1.铁芯。铁芯为变压器的磁路部分,变压器的一次、二次绕组均绕在铁芯上。所以铁芯还有支撑和固定绕组的功效。铁芯通常用厚度为 0.35~0.5 毫米的硅钢片叠压制成,并在表面喷涂绝缘漆。一般来说,变压器可按铁芯的形式分为内铁芯式和外铁芯式两种,如图 3-2-1(a)和图 3-2-1(b)所示。

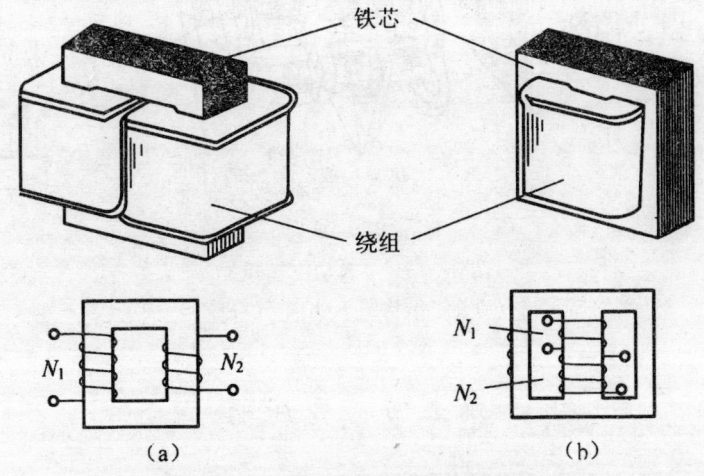

图 3-2-1　内铁芯式铁芯和外铁芯式铁芯
(a)内铁芯式铁芯　(b)外铁芯式铁芯

2.线圈。线圈为变压器的电路部分,变压器通常包括两个或两个以上的绕组,并有原、副之分。同电源相连的绕组叫原绕组,也叫一次绕组(用 N_1 表示),同负载相连的绕组叫副绕组又叫二次绕组(用 N_2 表示)。一般来说,绕组包括圆筒形、长方形和正方形三种,其绕制方法多为筒形和盘形等。

二、变压器的工作原理

变压器的工作原理为电磁感应原理。若将变压器的原线圈接在交流电源上,原线圈中就会有交变电流通过,交变电流会使铁芯中产生交变磁通,这一磁通会在经过闭合磁路的同时穿过原线圈和副线圈。交变的磁通会在线圈中产生感应电动势,如果此时在副线圈接上负载,就会使电能通过负载转换成其他形式的能。变压器原理图如图3—2—2所示。

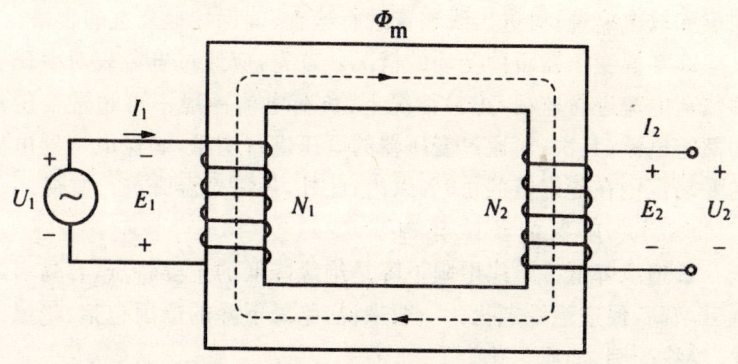

图 3—2—2 变压器原理图

(一)变换交流电压

变压器原、副线圈的端电压之比等于原、副线圈的匝数比。其公式如下:

$$\frac{U_1}{U_2}=\frac{N_1}{N_2}$$

(二)变换交流电流

在变压器的工作过程中,原、副线圈中的电流与线圈匝数成反比。其公式如下:

$$\frac{I_1}{I_2}=\frac{N_2}{N_1}$$

如果变压器高压线圈匝数多而通过的电流较小,则可用较细的导线进行绕制;若低压线圈匝数少而通过的电流较大,则须用较粗

的导线进行绕制。

三、变压器的维护和故障分析

（一）变压器的维护

1. 变压器运行前的检查。为确保变压器的正常安全运行,在投入运行之前,需要对其进行检查,即测量变压器的绝缘电阻;检查油位,应确保油位高于油面线;确保变压器油的质量;检查跌落开关、避雷器等附属设备的安装是否正确;清除套管污垢,别确保套管无裂痕和放电痕迹;对进出线装置进行检查;确保接地装置的合格。

2. 掌握变压器负荷变动的情况。首先,应通过电流表对变压器的负荷电流进行监视,正常情况下,负荷电流一般不可超过变压器的额定电流;其次,对通过变压器的电压进行测量,确保电压器电压的变动范围在额定值的$\pm 5\%$以内;此外,还需对温升进行监视。

（二）变压器的故障处理

1. 绝缘降低。绝缘电阻下降是绝缘降低的主要特点,容易引起温升增高,促进绝缘老化。一般来说,绝缘下降的原因包括:绝缘老化、绝缘受潮、油质劣化。

2. 温升过高。温升过高通常会引起变压器发热。引起温升过高的原因主要包括:通风不良;电流大,引起负荷过重;变压器内部损坏等。

3. 油面不正常。油面在正常情况下,指示计会指示在零位上下$\pm 25℃$的范围内,如果超过这一限度,即认为油面不正常。

4. 声响异常。如果变压器发出"吱吱"声,则须对套管进行检查,套管太脏、有裂纹也会出现这种情况;如果变压器发出"哔剥"声,则说明有击穿现象,可能发生在线圈间或铁芯与夹件间。

5. 自动装置跳闸。如果发生跳闸现象,则需检查外部有无短路、过负荷或二次线路等故障。若无法从外部找到故障原因,则应对绝缘电阻进行检查。

第三章　常用电器设备

第三节　三相异步电动机

一、三相异步电动机的概述

（一）三相异步电动机的结构

三相异步电动机通常由转动的转子与静止的定子两部分构成，如图 3-3-1 所示，即为绕线转子三相异步电动机的结构。

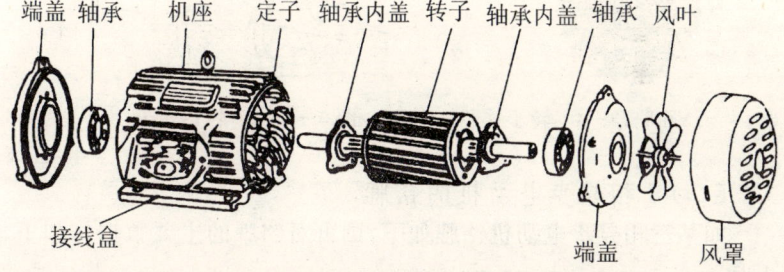

图 3-3-1　三相异步电动机的结构图

1. 定子。定子由定子铁芯、定子绕组、机壳等组成，主要用以产生旋转磁场。其中，定子铁芯（如图 3-3-2 所示）是磁路的重要部分，一般采用 0.5 毫米厚的硅钢片叠压制成，硅钢片之间相互绝缘。铁芯内的圆周上均匀分布着若干平行槽，用以嵌放定子绕组；其次，定子绕组多用漆包线绕成，三相异步电动机中包含三套独立的绕组，可通过六根引线将其联接在机座外壳上的接线盒中；机壳（如图 3-3-3 所示）由端盖和机座构成，有支撑定子铁芯和固定电机的双重作用。端盖多用铸铁铸成，用螺栓固定在机座两端。

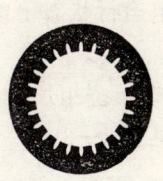 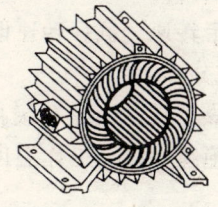

图 3-3-2　定子铁芯硅钢片图　图 3-3-3　机壳

49

2. 转子。转子多由转轴、转子铁芯、转子绕组等部分组成,是电动机中可以转动的部分。其中,转轴多用以支撑支撑转子并和转子一起转动,通常用中碳钢制成;转子铁芯固定于转轴上,(如图 3-3-4 所示)多由 0.5 毫米的硅钢片叠压而成;转子绕组可分为笼型和绕线型两种结构,前者又叫鼠笼式转子,如图 3-3-5 所示,后者则为对称三相绕组。

图 3-3-4 转子铁芯硅钢片　　图 3-3-5 铸铝转子

(二) 三相异步电动机的铭牌

如某三相异步电动机铭牌如下,则可对铭牌的主要数据作如下认识:

1. 型号。型号是用以表示电动机的品种、性能、防护等级等的代号。在电动机的铭牌中,Y 通常表示产品代号,112 表示机座中心高位 112 毫米,M 则用以表示中机座、4 用来表示磁极数。

2. 额定功率。额定功率通常指的是电动机在额定状态下运行时,转子轴的机械功率。

3. 额定电压和接法。额定电压即定子绕组按铭牌上规定的接法联接时应加的线电压值。

4. 额定电流。额定电流通常是指额定运行情况下,电动机定子绕组的线电流值。

5. 额定转速。额定转速即电动机在额定运行状态下的转速,其单位为转/分钟

6. 绝缘等级。绝缘等级指的是电动机定子绕组所用绝缘材料的等级。绝缘等级与工作温度的对应关系见表 3-3-1。

表 3-3-1　绝缘等级与工作温度的对应关系

绝缘等级	Y	A	E	B	F	H	C
极限工作温度(℃)	90	105	120	130	155	180	>180

二、电动机的控制电路

(一)点动控制电路

点动控制多用以控制电动机的起停。其控制线路如图3-3-6所示。如果按下按钮SB,交流接触器KM的线圈就会得电吸合,从而使三相交流电源和电动机接通,使电动机进入运行状态。如果松开按钮SB,因接触器线圈断电,吸力就会随之消失,从而使电动机断电,脱离运行状态。

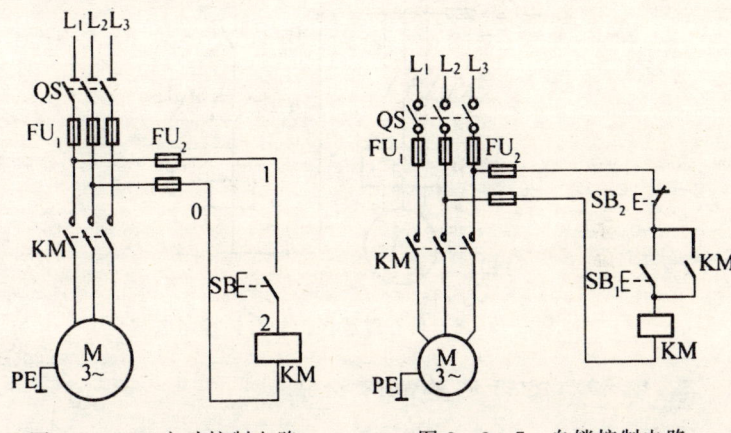

图 3-3-6　点动控制电路　　图 3-3-7　自锁控制电路

(二)自锁控制电路

自锁功能控制的电路,一旦接通,接触器就会靠自身辅助触头维持线圈的通电状态。如图3-3-7所示。

如果闭合电源开关QS,将启动按钮SB1按下,则接触器KM线圈就会得电,因此KM主触头开始闭合,电动机M开始运转;如果松开按钮SB1,接触器KM常开辅助触头处于闭合自锁状态,故控制电路仍然会保持接通,电动机 M 会继续处于运转状态;如果按下 SB2,则接触器 KM 线圈断电,KM 主触头也会随即断开,电动机 M 停止运转。

（三）具有过载保护的自锁控制电路

如果电动机发生过载,而熔断器也没有及时熔断,就会引起定子绕组过热,使电动机的使用寿命受到影响,故应在电动机上采用有过载保护的电路。具有过载保护的自锁控制电路如图 3－3－8 所示。如果尚未发生过载,电路会正常的运转,一旦电动机出现过载现象,FR 常闭触头就会断开,同时,接触器 KM 的线圈断电释放,电动机会立即断电停转,可以起到过载保护的作用。

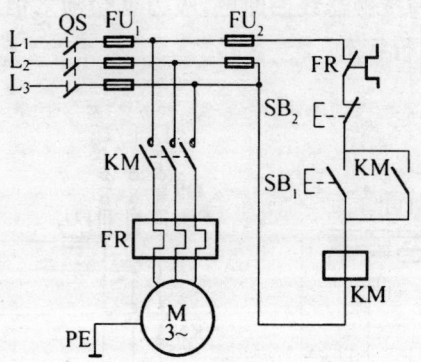

图 3－3－8　具有过载保护的自锁控制电路

三、电动机的拆装和故障检修

（一）电动机的拆卸

在电动机的检查、清洗、修理过程中,均需将电动机拆开。只有在拆卸过程中遵循一定的原则和步骤,才能快速、准确地完成。

在拆卸电动机之前首先应准备好各种专用工具,并做好拆卸前的记录和检查工作,此外,还须在线头和端盖等处做好标记,以方便装配。

通常来说,异步电动机的拆卸应包括以下步骤:

第三章 常用电器设备

1. 将电动机的所有引线拆除,然后拆卸皮带轮或联轴器。

2. 将风罩和风扇拆除。在拆卸掉皮带轮以后,先将风罩卸下,然后取下风扇的定位螺栓,再用锤子轻敲风扇的四周,卸下风扇。

3. 对轴承盖与端盖进行拆除。当拆下轴承外盖和前后盖紧固螺钉后,须在端盖和机座的接缝处做好标记,然后方可用木锤均匀敲打端盖四周,将端盖敲出。

4. 直接将转子抽出,但须小心谨慎,以免损坏绕组和铁芯。

(二)电动机的装配

电动机的装配与拆卸顺序大体相反,装配时通常按照由内而外的顺序,但须注意各部分零部件的清洁,应确保定子内绕组端部和转子表面的干净。

1. 先在转轴上安装轴承与轴承盖。

2. 然后将转子轻轻安放,安放时应小心,以免损伤定子绕组。

3. 对准标记进行端盖的加装,可用木锤对端盖四周进行均匀地敲打,然后按对角线均匀对称地轮番拧紧螺钉。在安装轴承外盖时,应先将其装在端盖中,然后插入一颗螺栓,以一只手顶住,用另一只手转动转轴,待内外盖的螺栓孔对齐时,可将螺栓均匀旋入。如图3-3-9所示。

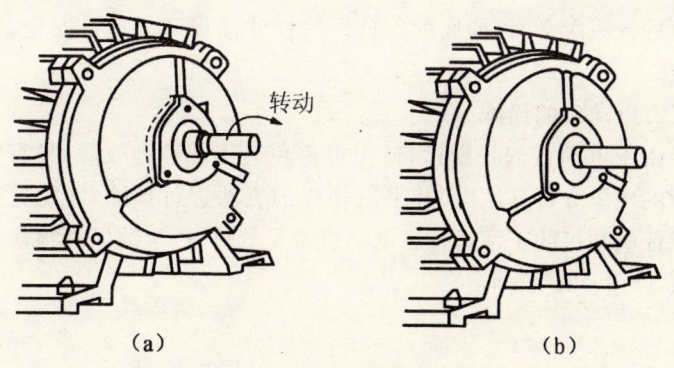

图3-3-9 组装轴承外盖
(a)转动转轴 (b)均匀旋入螺栓

4. 当端盖固定以后，须用手转动电动机的转子，动作要灵活、转动应均匀。

5. 将风扇与风罩依次进行安装。

6. 风扇与风罩安装完毕，则可安装皮带轮或联轴器。

7. 最后将引线接好，并安装好线盒及铭牌。

（三）电动机的维护和检修

1. 电动机的维护

（1）对电动机的机壳进行清理，将污物和油垢去除。

（2）对接线端子进行检查，检查接线盒紧固螺丝是否松动，并检测盒内是否有烧伤和杂物。

（3）对紧固件和接地线进行检测，检查端盖螺丝、地脚螺丝、轴承盖螺丝等是否紧固，并须确保接地线的良好与牢固。

（4）对电动机和生产机械之间的传动装置进行检测，确保其传动的良好。

（5）对轴承进行检测，确保其没有磨损与松动，并需检查润滑油是否干涸、变质、变脏。

（6）用兆欧表对绕组绝缘电阻进行测量。

（7）应定期对电动机进行小检修，如果电动机已运行一年以上，则须进行一次全面、彻底的大修。这样才能保证电动机安全、高效运行。

2. 电动机的检修

由于电动机的长期运行，无可避免会出现种种故障，只有根据故障的现象分析其原因，并采取相应的方法进行排除，才能更有效地保证电动机的正常运行。电动机常见故障、产生原因及检修方法见表3－3－2。

表3-3-2 电动机常见故障、产生原因及检修方法

故障现象	产生原因	检修方法
电动机不能启动且无任何声响	1.电源没电 2.有熔丝熔断 3.电源线断线或有接触不良 4.过载保护设备动作	1.用低压验电笔测量电源是否有电,若无电,则接通电源 2.用低压验电笔测量设备保险丝柱头,检查是否三相都带电 3.检查线路是否接触不良,把线头重新接好 4.检查过载保护调整的电流是否与电动机额定电流合适,如不合适则调整,再复位热继电器
电动机温度过高或冒烟	电压过低或过高	可用万用表检测电压是否过低,如电源线太细,压降太大,可适当提高电压;如电压过高,可适当降低电压
	电动机通风不好或曝晒	1.检查电动机风扇是否损坏或未紧固 2.移去阻塞风道的物件
	电动机过载,拖动机器卡住或润滑不良	1.用电流表测量电流,如过载,适当降低负载,有条件时可用风扇吹或鼓风机吹,加强冷却 2.排除机器故障,给机器加润滑油
	接法错误	检查错误处,并更正线路接法

续表

故障现象	产生原因	检修方法
电动机不能启动,并发出"嗡嗡"的响声	有某相线路不通	1.若接线柱有污垢则应刮净接好;若松脱,应紧固 2.电源线不通,有断线或假接,用试灯或万用表查出修复
	电压过低	电源线太细,启动压降太大,应换粗导线
	负载机械设备被卡住	检查机械设备,排除故障
	定子或转子绕组断路	用试灯或万用表检查断路处,修复
闸刀开关合上后烧保险丝	单相启动	检查开关和保险丝
	开关和定子之间接线有短路	1.打开电动机,检查是否烧焦。手摸,比较温度,找出短路处,分开短路部分 2.用试灯或兆欧表查出接地处,垫好绝缘,刷绝缘漆烘干
	电动机负载过大有机械卡住	用电流表检查定子电流和转动转子有无卡住现象,减轻负载,消除故障
	保险丝选择太细	更换合适的保险丝
	引出线接地	把引出线接好

第三章 常用电器设备

续表

故障现象	产生原因	检修方法
电动机能够运转,用试电笔触机壳,试电笔发亮,表明机壳带电,这时应停机检查	引出线或接线盒接头的绝缘损坏、碰地	检查后,套上绝缘管或包扎绝缘布
	绕组端部太长碰机壳	端盖卸下后接地现象即消除,则应将绕组端部刷一层绝缘漆,并垫上绝缘纸再装上端盖
	定子两端的槽口绝缘损坏	细心扳动绕组端接部分,耐心找出绝缘损坏处,然后垫上绝缘纸再涂上绝缘漆
	槽内有铁屑等杂物未除尽,导线嵌入后即通地	拆开每个线圈接头,用淘汰法找出接地线圈后,进行局部修理
	外壳没有可靠接地	将电动机外壳可靠接地
绝缘电阻降低。多数情况是电动机长时间不用,使用时,用兆欧表测量绝缘电阻,发现绝缘电阻小于20MΩ	潮气侵入	用兆欧表检查后,进行烘干处理
	引出线或接线盒接头的绝缘即将损坏	重新包扎引出接线头
	电动机过热后绝缘老化	可重新浸渍处理

习题

1. 手动开关电器的特点及用途是什么?
2. 自动切换电器有什么特点?
3. 变压器的用途与分类分别是什么?
4. 如何装配电动机?
5. 如何对电动机进行维护与维修?

第四章 电器照明

> **本章学习目标**
> 1. 了解常用照明电光源及其电路的基本知识。
> 2. 掌握灯具的安装方法。
> 3. 掌握照明电器的安装方法。
> 4. 掌握照明电器的检修方法。

电器照明是人们利用一定的装置和设备将电能转换成光能,从而为人们的生活、工作和生产提供光源。本章对常用的电光源、照明电路的安装和故障检修进行讲解。

第一节 常用照明电光源及其电路

一、白炽灯

(一)白炽灯的概念和特点

白炽灯是人们日常生活中最常见的光源。它是由灯丝、玻璃外壳和灯头三部分构成。其灯口包括螺口和卡口两种形式,如图4—1—1所示,故不同灯口的白炽灯应与相应的螺口或卡口灯座配套使用。

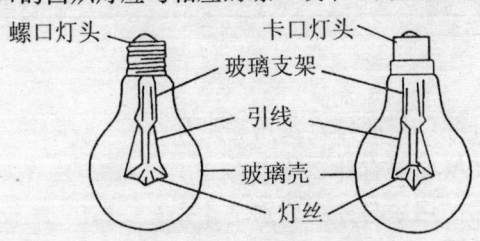

图4—1—1 白炽灯的构造

第四章 电器照明

白炽灯的结构比较简单、安装与维修也很方便,并具有价格低廉等优点,但由于白炽灯又具有使用寿命短(通常只有 1000h 左右)、发光效率偏低的缺点,故其比较适用于照明要求不高,且开关次数较频繁的场所。

通常来说,生活照明用的白炽灯工作电压为 220 伏,其功率有 15 瓦、20 瓦、25 瓦,以及 40 瓦等多种规格。功率越大的白炽灯,亮度就越高。

目前,我们常见的电子节能灯也是在白炽灯的电路基础上升级而成的,它是通过电子电路对电压进行变换后送至灯泡,从而驱动其发光。节能灯的发光效率和寿命均比白炽灯有了很大的提高,正越来越广泛地应用于人们的生活与工作中。但节能灯价格较高,损坏后也很难进行维修。

(二)白炽灯照明电路

白炽灯的照明电路比较简单,接入电源即可发光照明,其电路原理图如图 4-1-2 所示。

单联开关控制的白炽灯电路,如图 4-1-2(a)所示,这是一种最简单、最常见的照明电路,灯的亮灭只由开关进行控制。当开关闭合,则灯亮;若开关断开,则灯灭。

双联开关控制的白炽灯电路,如图 4-1-2(b)所示,这种电路通常被用作楼道的照明开关控制电路。例如,将其安装在一楼和二楼之间,则可在一楼开灯,在二楼关灯,也可在二楼开灯,在一楼关灯。

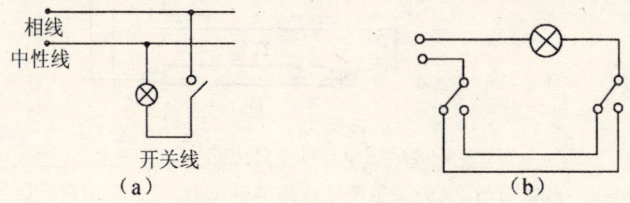

图 4-1-2 白炽灯电路
(a)单联开关控制的白炽灯电路图 (b)双联开关控制的白炽灯电路图

二、荧光灯

（一）荧光灯的概念和特点

荧光灯通常被称作日光灯，这是一种应用非常广泛的照明灯具。它具有发光效率高、寿命长等优点，但它的附件较多、故障发生率也比白炽灯高很多，而且荧光灯的安装维修也要比白炽灯难度大，因此，荧光灯广泛用于照明度要求较高的室内照明。

（二）日光灯照明电路

日光灯主要由灯管、镇流器和启辉器等构成。它的接线线路如图 4－1－3 所示。

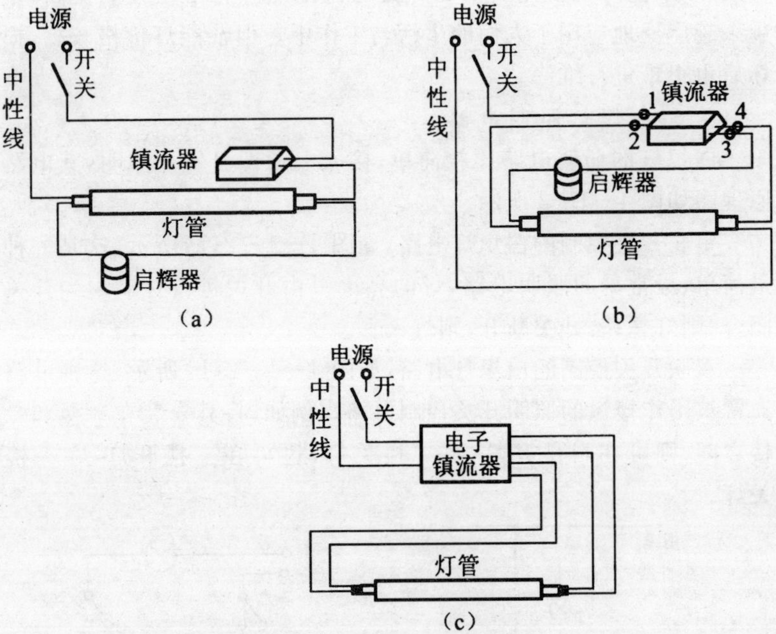

图 4－1－3 日光灯电路图
(a) 采用一般镇流器　(b) 采用两只线圈的镇流器　(c) 采用电子镇流器

为了提高荧光灯的启动效果，可以安装具有两只线圈的镇流器。为了节能还可采用电子镇流器。

第四章　电器照明

1. 灯管。灯管是电路的发光体,它由灯头、灯丝和玻璃管构成。其结构如图4—1—4所示。

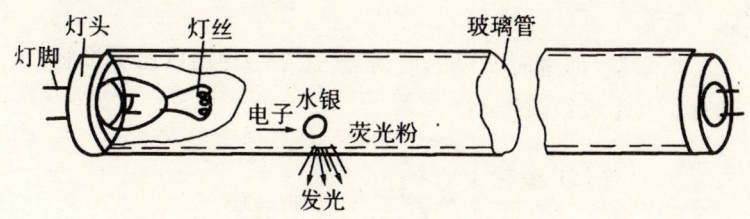

图4—1—4　日光灯灯管的结构

2. 镇流器。镇流器通常可分为电感式镇流器和电子式镇流器两种。它们各具优点。但在日光灯的电路中,多采用电子镇流器来取代传统的电感式镇流器。

(1)电感式镇流器是一种具有铁芯的电感线圈。它可以在启动时产生瞬时高压,从而使灯管点燃,在工作中电感式镇流器还能限制灯管电流,起镇流作用。通常来说,按照外形可将其分为封闭式、开启式和半开启式三种。其结构形式分为单线圈式和双线圈式。如图4—1—5(a)所示为封闭单线圈式,如图4—1—5(b)所示为开启双线圈式。

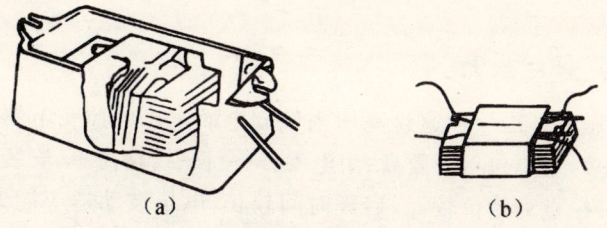

图4—1—5　电感式镇流器
(a)封闭单线圈式镇流器　(b)开启双线圈式镇流器

(2)电子镇流器与电感式镇流器相比是一种节能低耗(自身损耗通常在1W左右)、效率较高的、寿命较长的镇流器,它的电路联接比较简单,也不需启辉器,但它的价格较高,工作稳定性较电感式镇流器也较低。电子镇流器基本原理主要是基于使电路产生高频

61

自激振荡,然后通过谐振电路使灯管两端得到高频高压而点燃。需要注意的是,在选择镇流器时,必须确保灯管与镇流器标称功率的一致。

3.启辉器,即平时所说的启动器,这是一种用以启动灯管发光的器件。其组成如图4—1—6所示。

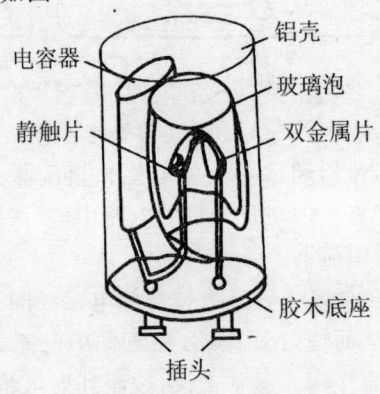

图4—1—6 启辉器

其中,电容主要是用以吸收干扰电子设备的杂波。如果电容被击穿,去掉以后仍可使灯管正常发光,但会因此失去吸收干扰杂波的功能。

三、高压汞灯

高压汞灯是一种通过高压汞气放电而发光的照明电器。它的优点较多,主要包括光效高、用电省、寿命长、线路简单、安装维修方便等,其缺点为造价较高,启辉时间较长,电压波动适应能力差,一旦电压降低5%左右,就可能引起高压汞灯的熄灭。如果高压汞灯因故熄灭,则至少需要5~10分钟后才能再开灯使用。一般来说,高压汞灯分为有镇流器式和自镇式两种。

1.镇流器式高压汞灯。其基本结构如图4—1—7(a)所示。

镇流器式高压汞灯的安装电路很简单,相当于在普通白炽灯电路基础上串接一个镇流器即可。它所用的灯座须为相应配套的瓷质灯座,镇流器的功率也要配合高压汞灯的需要。一般来说,镇流器应安装在人体无法触及的地方,并须在它接线柱的端面覆盖保护物,但不可将其装入箱体中。此外,还需注意,如果是装于户外的镇流器,还应设置防雨、防雪措施。

2. 自镇式高压汞灯

自镇式高压汞灯与镇流器式高压汞灯外形相同,但它通过在内部石英放电管外圈串联一段钨丝来替代外镇流器,如图 4—1—7 (b)所示。自镇式高压汞灯线路比较简单,安装也较为方便,而且效率很高,能瞬时启辉,光色也好;但它的平均寿命短,耐震性差。其线路安装要求与镇流器式高压汞灯一样。

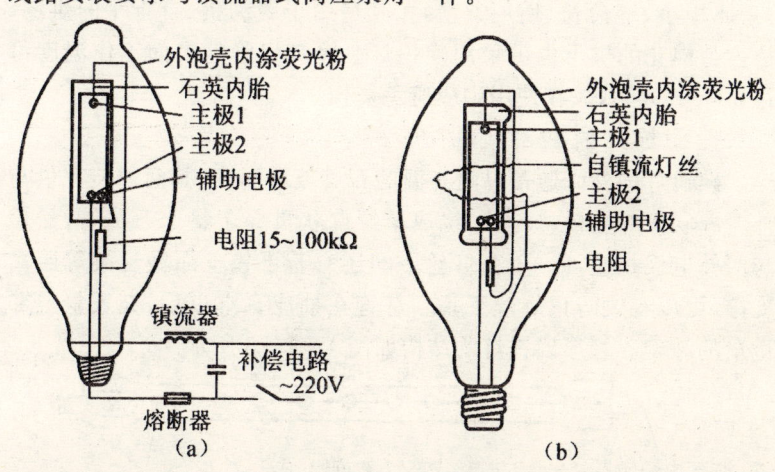

图 4—1—7　高压汞灯
(a)镇流器式高压汞灯结构及接线　(b)自镇式高压汞灯结构

因高压汞灯表面约有 300℃ 的高温,所以,必须配用合适的灯具。

四、霓虹灯

霓虹灯是一种通过低气压放电而发光的电灯。由于霓虹灯能根据装饰的需要弯制成各种图案和文字,所以它主要用于大型建筑物及商场的广告、宣传和装饰灯上。

霓虹灯的灯管两端设有电极,灯管中通常填充氖、氮、氩、钠等元素,不同的元素在工作时可以发出不同颜色的光,如氖能发红色或深橙色光,氦能发淡红色光等。

霓虹灯装置主要由灯管和变压器两部分构成,不同的霓虹灯管规格,其电极的工作电压也不相同,一般在 4~15kV 之间,高压电源由专用的霓虹灯变压器提供。

五、钨灯

在灯泡内填充微量的碘或碘化物的照明灯具通常被称为碘钨灯。这种灯可用于加热干燥等多种工作,它的特点是受热温度均匀、体积小、寿命长、使用方便,尤其适用于缝纫机、自行车的烘漆,粮食与棉花的烘干也可采用碘钨灯。钨灯灯管的表面工作温度可达 500~700℃,故在使用中应避免烫伤。

(一)钨灯的基本结构

碘钨灯的外壳通常以耐高温的石英玻璃制成,其两端装有供与外电源联接的电极,灯丝则绕成单螺旋状贯穿于整个石英管,然后与两外电极相连,此外,在灯丝中间还有若干钨丝圈做支架等距离支撑,可以有效防止灯丝下垂。灯管在抽成真空以后,充入氩气和适量的纯碘。管形碘钨灯的结构如图 4-1-8 所示。

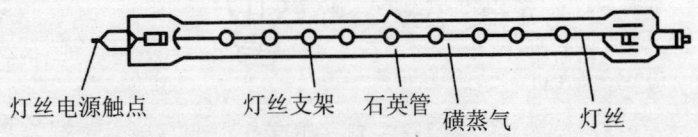

图 4-1-8 碘钨灯

卤钨灯则在灯管内充入微量的卤族元素,蒸发的钨同卤素会发生化学反应,所以灯泡很少会出现发黑的现象。卤钨灯通常可分为碘钨灯和溴钨灯,二者都是热辐射电光源。它的发光强度较大且较稳定,发光效率很高。其中,碘钨灯适用于照度大、悬挂高的仓库、车间或室外道路、桥梁,以及夜间施工的工地。

第四章　电器照明

（二）钨灯电路

钨灯的安装电路如图4-1-9所示。由于钨灯的工作温度高，故应在钨灯上安装灯罩，并须将其安装在配套的专用灯架上，同时还应使灯架与可燃性建筑物的净距不小于1米，距离地面的高度也应控制在6米以上，导线应穿经瓷质材料端子接出。此外，灯管在安装时应保持水平的状态，以免影响其寿命。

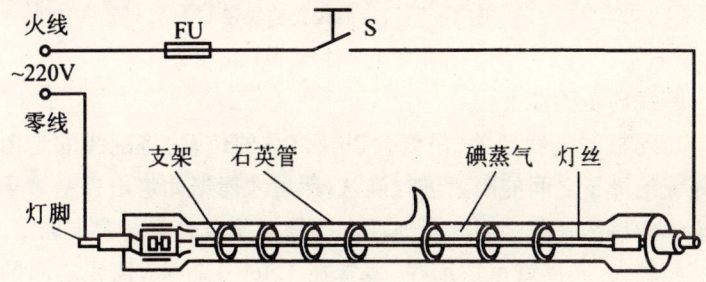

图4-1-9　碘钨灯的接线原理图

（三）钨灯的安装和注意事项

1. 由于钨灯温度较高，所以碘钨灯必须配用与灯管规格相适应的专用铝质灯罩，而且灯罩顶端的接线块必须为瓷质。

2. 电源的引线最好采用橡胶绝缘软线，安装后应确保软线不贴在灯罩铝壳上。

3. 如果碘钨灯的功率在1千瓦以上，则不能安装一般的电灯开关，而应安装胶盖瓷底刀开关。

4. 为避免散热不畅，碘钨灯最好不要安装在砖墙上。如果装在室外，还须安装防雨、防雪措施。

第二节　瓷绝缘子、瓷夹、木板槽配线

一、瓷绝缘子配线

瓷绝缘子配线比较适合在潮湿的环境下使用，既可用于室内，又可用于室外。常用的内线瓷绝缘子如图4-2-1所示。如果导线截面在10平方毫米以下的，可采用针式瓷绝缘子，若截面大于10

平方毫米,则可采用鼓形瓷绝缘子。

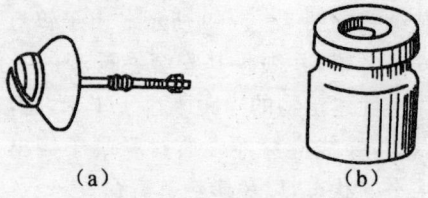

图 4-2-1 内线瓷绝缘子
(a)针式瓷绝缘子 (b)鼓形瓷绝缘子

配线的步骤如下:

1.先根据进线开关、吊线盒以及灯具的位置,将配线的走向和相邻瓷绝缘子之间的距离进行确认,然后才能据此定出瓷绝缘子的位置。前后两瓷瓶之间的距离通常可根据导线的截面大小确定,若截面积较大,距离就可以远些,通常在 1.0~1.5 米,两线之间的距离为 70~200 毫米。

2.当绝缘子位置得到确定以后,可将瓷绝缘子、保险盒和吊线盒等通过木螺丝固定在房梁、楔子等木质物体上。若需要在砖墙或石头墙上进行固定,则可先用铁钉在墙上打一个洞,然后将木楔嵌入墙中,然后再进行瓷绝缘子的固定。

装屋内导线的方法如下:

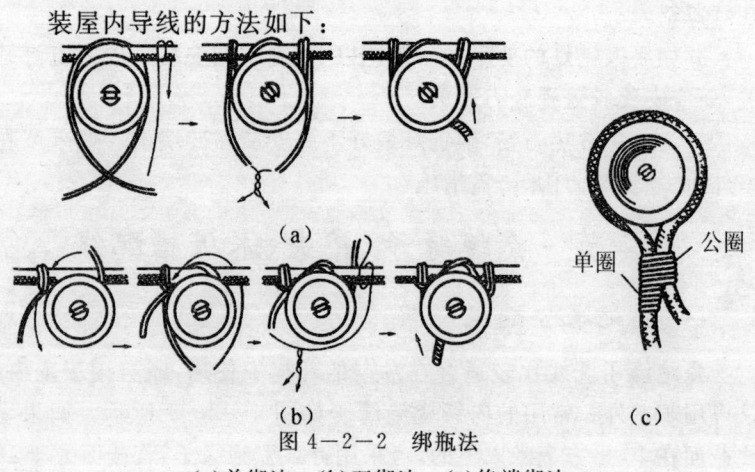

图 4-2-2 绑瓶法
(a)单绑法 (b)双绑法 (c)终端绑法

第四章 电器照明

先用绑线扎将导线固定在始端的瓷绝缘子上,然后降导线绷直拉紧,绑扎在终端瓷绝缘子上(同时也把电灯的下引线绑好),最后再将导线固定在中间的瓷绝缘子上。导线的绑扎可采用单绑、双绑或终端绑法,如图 4-2-2 所示。

瓷绝缘子配线的转角、交叉及分支处的安装图如图 4-2-3 所示。

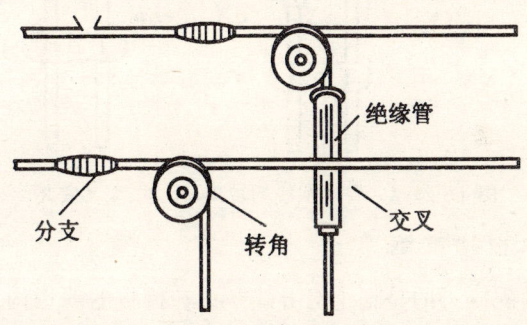

图 4-2-3 瓷绝缘子配线的转角、分支、交叉安装

在导线穿墙或交叉时,不管瓷绝缘子配线、瓷夹配线,还是木板槽配线,都应该要穿瓷管,并且应确保每根瓷管只穿一根导线,穿墙瓷管要露出墙外 20 毫米。如果从户外向户内穿瓷管,则须确保户外一端比户内一端略低,进线应设防水弯,以防雨水流入户内,并且须将导线通过瓷绝缘子固定。

二、瓷夹配线

瓷夹配线方式的工艺比较简单,价格也很低,但不够美观。如果采用瓷夹配线,则须保证导线和建筑物表面的距离不得小于 10 毫米,若为水平敷设,还需确保其对地高度不小于 2.5 米,若为垂直敷设,则须确保其不得低于 2 米,在接至开关或插座等设备时可适当降低为 1.3 米。前后两瓷夹间的距离可取 0.8~1.2 米。

一般来说,瓷夹包括单线、双线和三线三种,并有大、中、小三号之分,可以根据导线的条数和粗细进行选择。瓷夹在房梁等木质物上用大于瓷夹高度 2 倍或更长一些的木螺丝固定。

用瓷夹配线的时候,须将导线放到瓷夹中,先把始、终端瓷夹的固定螺丝拧紧,再将导线绷紧拉直,然后逐个将瓷夹固定。

瓷夹配线的转角、分支和交叉的安装方法如图4－2－4所示。

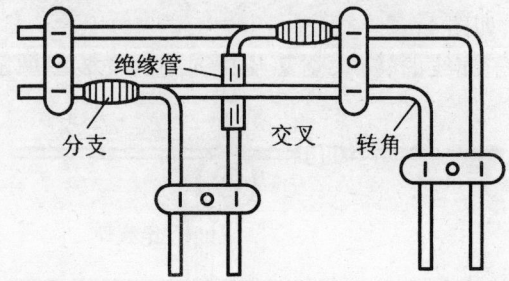

图4－2－4　瓷夹配线的转角、分支、交叉安装

三、木板槽配线

木板槽配线指的是把绝缘导线敷设在槽板的线槽内,上面用盖板盖住,然后固定在建筑物上的一种常用的配线方式。它通常用于卧室、办公室等干燥场所的配线,但不可用于潮湿和易燃易爆的场所。使用木板槽(或叫木槽板)配线的转角、分支、接头和安装如图4－2－5所示。

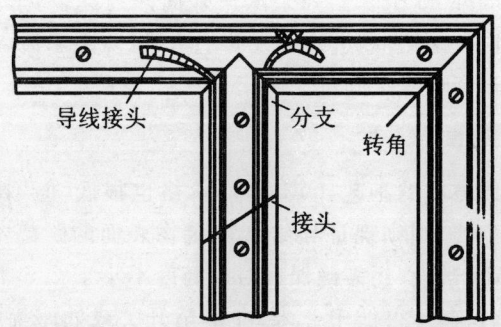

图4－2－5　木板槽的转角、分支、接头安装

木板槽须按定好的线路和转角位置下好料,当木板槽为直线联接时,则应先把断口斜锯,使底和盖的联接处错开。当木板槽转角联接时,则须将底和盖的端口均锯为斜茬,拼成所需的角度,在安装

时应将槽板底先固定好,再将导线安置于木槽内,需注意的是每槽只能装一根导线,且应确保木槽内的导线没有接头,若必须有接头时应参看图,使导线穿过木板槽的盖在外面进行连接。一边敷线一边钉盖板,在钉盖板的同时还应注意对准底板中间的木脊,以免损伤导线,木槽板和木台的联接处,应伸入木台约5毫米。

第三节 照明灯具及安装

一、灯具

常见的照明灯具包括灯座、开关、插座、挂线盒和木台等器件。

（一）灯座

灯座有卡口式和螺口式之分,若按其外壳的材料也可将灯座分为瓷质、胶木和金属材料三种。灯座还可根据不同的应用场合分为平灯座、吊灯座、防水灯座和荧光灯座等。常用的灯座如图4－3－1所示。

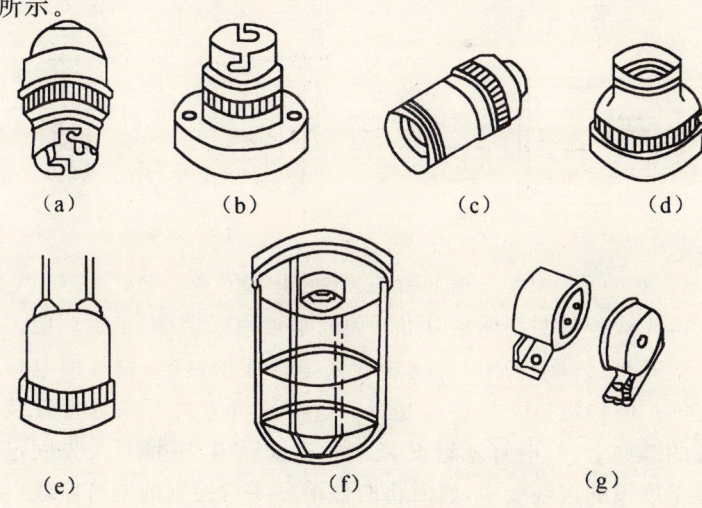

图4－3－1 灯座

(a)插口吊灯座 (b)插口平灯座 (c)螺口吊灯座 (d)螺口平灯座
(e)防水螺口吊灯座 (f)防水螺口平灯座 (g)安全荧光灯座

(二)开关

开关是一种有接通或断开照明灯具功能的器件。常见的电灯开关按照其安装形式可分为明装式和暗装式两种,若按其结构来分,则可将开关分为单联开关、双联开关和旋转开关等。开关的规格往往用额定电流和电压来表示,在选择开关时应根据这两个量进行调配。常用开关如图4-3-2所示。

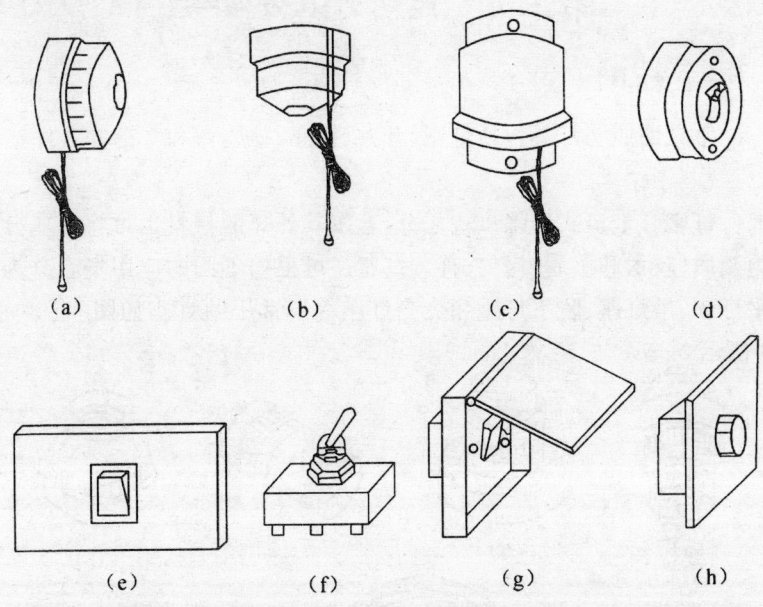

图4-3-2 常用开关

声光双控照明楼梯延时灯开关通常被用于楼梯、走廊照明。白天光线充足时自动关闭,夜间若有人走动或谈话时,则可使电灯点亮,延时30秒以后又会自行熄灭。这种声光双控开关通常安装在走廊的墙壁上,与电灯就近安装。安装过程中,应将开关先固定在预埋于墙里的接线盒中,然后将两根引出线与控制的电灯串联后接入220伏的交流电即可。

(三)插座

插座可为各种可移动用电器如台灯、电风扇、电视机等提供电源。插座可按安装形式分为明装式、暗装式和移动式三种,若按结构也可将其分为单相双极插座、单相带接地线的三极插座及带接地的三相四极插座等。

插座的规格通常是以额定电流和工作电压来表示的,应根据用电设备最大工作电流和额定电压进行选取。常见的插座外形如图4－3－3所示。

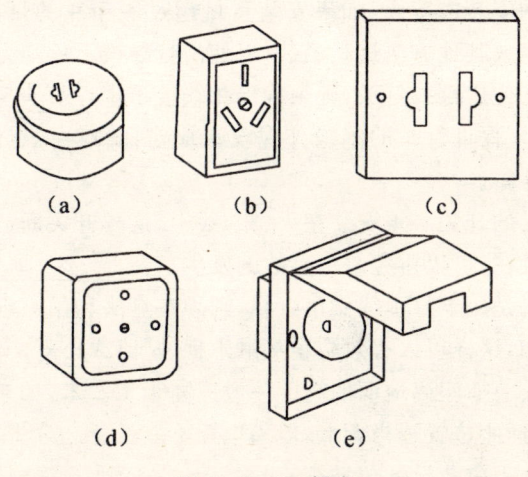

图 4－3－3 插座

(a)圆扁通用双极插座　(b)扁式单相三极插座　(c)暗式圆扁通用双极插座
(d)圆式三相四极插座　(e)防水暗式圆扁通用双极插座

如果是安全性要求较高的场所,可安装带有保护门的安全型插座;而专用的电视机插座,则应选用带开关扁圆两用的插座;如果是用电设备较多的室内,则可采用多联插座。

(四)挂线盒和木台

挂线盒有悬挂吊灯和接线盒的作用,其制作材料有瓷质和塑料之分。木台多用以固定挂线盒、开关和插座等,它的形状有圆形和方形两种,构成木台的材料多为木质或塑料。

(五)吊灯线

用来从吊线盒向吊灯头输送电的导线即吊灯线。一般来说,其

截面积应不小于0.2平方毫米。

二、灯具安装的基本要求

1.灯具的安装过程中,应确保灯头距地面的高度大于2米。如果为潮湿或其他危险场,则不能低于2.5米。

2.吊灯必须安装挂线盒,通常来说,一只挂线盒只能安装一盏灯。吊灯的安装应牢固,如果安装重量超过1千克的灯具,则必须用金属链条或其他方法进行吊装,以使吊灯导线不承受力。

3.如果使用螺口灯头,则须确保相线接于螺口灯头座的中心铜片上,并且应保证灯头的绝缘外壳没有损伤,螺口白炽灯泡的金属部分不课外露。

4.灯具的开关必须安装在火(相)线上,这样开关断开后灯头处没有电压逊在,可以避免触电事故的发生。

5.如果是用电灯引线做吊灯线,则须在灯头和吊灯线的联接处打一个背扣,这样可以有效防止接触不良、断路或松落。

6.开关与插座离地面的高度一般应高于1.3米,如果有特殊情况,则可将插座位置适当调低,但离地面不能低于0.3米,幼儿园或托儿所等处不应装设低位插座。

7.如果是潮湿、有腐蚀性气体、易燃或易爆的场所,则须分别采用合适的防潮、防爆、防雨的开关与灯具。

三、常用照明灯具的安装

(一)木台的安装

木台多被用以明线安装方式。当明线敷设完毕以后,应在安装开关、插座、挂线盒等处先进行木台的安装。安装木台前须先对木台进行适当的加工:根据要安装的开关、插座等的位置和导线敷设位置,先在木台上钻好出线孔,同时也须将线槽锯好。然后通过线槽将导线引入木台,再从出线孔穿出,最后可用较长的木螺钉将其固定牢固。木质墙上安装木台时,可直接用螺钉进行固定,但若在混凝土或砖墙安装时,则须先进行钻孔、插楔方能确保安装的牢固。

第四章　电器照明

(二)开关的安装

开关的安装应确保与被控照明电器的联结方式为串联。开关通常可分为明开关和暗开关。暗开关是嵌在墙里的开关;明开关则指的是先把木台固定于墙上,然后在木台上进行对开关的安装。安装过程中,须注意开关的安装方向,向上扳应控制电路接通,向下扳则应控制电路断开。

1. 单联开关的安装。现把穿出木台的两根导线(一根为电源零线,一根为开关线)穿入开关的两个孔眼,将开关固定后,然后把剥去绝缘层的两个线头分别连接在开关的两个接线柱上,最后将开关盖装好。

2. 双联开关的安装。双联开关多被用于两处通过两只双联开关控制一盏灯的情况。双联开关包括三个接线端,它们分别与三根导线连接,但须注意双联开关中连铜片的接线柱不可接错,其中,一个开关的连铜片接线柱须同电源相线进行联接,而另一个开关的连铜片接线柱则须同螺口灯座的中心弹簧片接线柱相联接。每个开关还有两个接线柱须通过两根导线分别与另一个开关的接线柱进行联接。

(三)插座的安装

明装插座通常都须安装在木台上,它的安装方法与安装开关相似。在安装插座的过程中,插座的接线孔必须按照一定顺序进行排列,穿出木台的两根导线是相线与中性线,它们分别连接在插座的两个接线柱上。若为单相三极插座,它的接地线柱则必须与接地线相联接,需注意的是不可用插座中的中性线作为接地线。

(四)灯座的安装

1. 平灯座的安装。平灯座通常安装在固定好的木台上。在平灯座上有两个接线柱,一个同来自开关控制的相线联接,另一个和电源的中性线相联接。位于插口平灯座上的两个接线柱可同两个线头进行任意的联接,但如果是螺口平灯座,则必须将来自开关的线头联接到连通中心弹簧片的接线柱,电源中性线的线头通常应联接在连通螺纹圈的接线柱上,如图4—3—4所示。

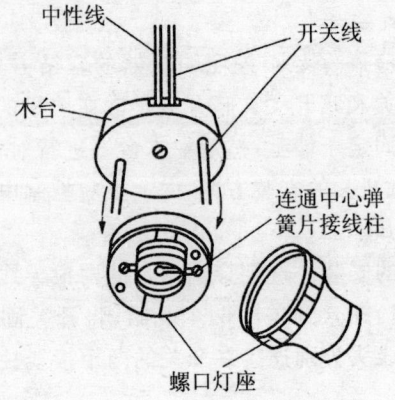

图 4-3-4　螺口平灯座安装

2.吊灯座的安装。吊灯座安装时,须先将挂线盒底座安装在已进行固定的木台上,然后才能将联接线的一端从挂线盒罩盖的孔中穿入,穿入后必须在联接线上打一个结,这样可以使其能承受吊灯的重量,然后把两个线头的绝缘层剥去,将两个线头分别穿入挂线盒底座中间凸起部分的两个侧孔内,再将其分别连接到两个接线柱上,将挂线盒盖旋上。接着须把连线的另一头小心穿入吊灯座的盖孔内,穿入后须在连线上打结,然后可将两个线头连接在吊灯座的两个接线柱上,最后将吊灯座盖旋上即可。安装方法如图 4-3-5 所示。

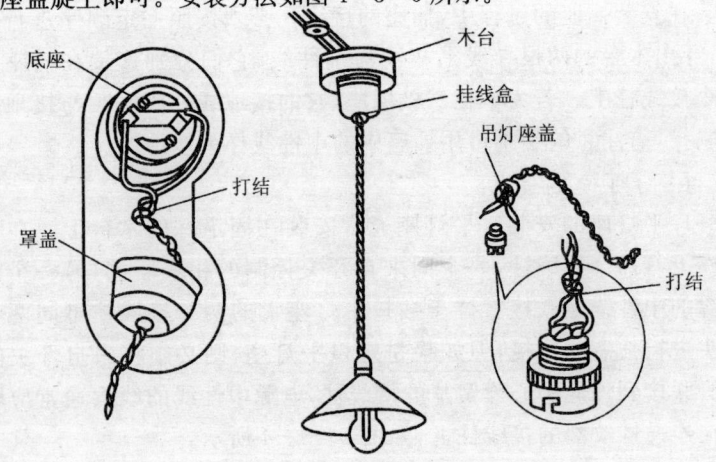

图 4-3-5　吊灯座的安装

第四章 电器照明

第四节 照明电器的安装

一、室内布线方法

室内照明线路的布线方法一般包括瓷夹板布线、瓷瓶布线和木板槽布线三种。

（一）瓷夹板、瓷瓶布线

瓷瓶布线是常见的一种配线方式，它通常采用瓷瓶支撑导线。如果导线截面面积较小，则可采用鼓形瓷瓶配线；若导线的截面面积较大，则可采用其他几种瓷瓶配线方法。

1. 瓷瓶配线方法

（1）定位。瓷瓶配线首先须确定灯具、开关、插座和配电箱等器件的位置，然后对导线的敷设位置、穿过墙壁和楼板的位置，以及起始、转角、终端夹板和瓷瓶的固定位置进行确认，最后对中间夹板或瓷瓶的安装位置进行确定。通常来说，在开关、插座以及灯具附近约50毫米的地方，都须安装瓷瓶或夹板。

（2）画线。画线过程中，相邻的夹板或瓷瓶之间应保持适宜的距离，不能间隔太大，其排列也要对称均匀。此外，还需注意，应尽量沿房屋的线脚或墙角等处进行敷设，还需确保其与用电设备进线口的对应。

（3）凿孔。凿孔须按照画线定位进行。

（4）埋设紧固件。当孔凿好以后，可以埋设缠有铁丝的木螺钉或木砖。

（5）埋设保护管。

2. 瓷夹板与瓷瓶的固定

一般来说，在混凝土结构上，瓷瓶和瓷夹板的固定通常包括以下四种方法：

（1）用绕有铁丝的木螺钉进行固定，此方法只能对鼓形瓷瓶和瓷夹板进行固定；

(2)支架固定,此方法多用于固定鼓形瓷瓶、蝶形瓷瓶、针式瓷瓶等的固定;

(3)膨胀螺栓固定,此种方法多用于在砖墙上固定瓷夹板和鼓形瓷瓶;

(4)环氧树脂粘接固定,这种方法多被用在钢结构或木结构的粘接固定。

(二)槽板布线

槽板布线即将绝缘导线敷设在槽板的线槽内,然后利用盖板将其盖住的方法。此布线方式多被用于办公室内或生活间中等干燥房屋的照明。

1. 定位画线。定位画线的方法同前述瓷瓶布线方法类似。

2. 槽板固定。槽板固定可在距槽板起点或终点 40 毫米的位置通过钉子进行固定,两钉的间隔不能大于 50 毫米。

3. 敷设导线。板槽内的每一格线槽只能敷设一根导线,并须确保槽内导线没有接头与分支。

4. 固定盖板。盖板的固定与敷线须同时进行,一边敷线一边用钉子将盖板固定在底槽的中线处。

二、白炽灯的安装

(一)吸顶灯的安装

1. 过渡板的安装

过渡板通常用以吸顶灯与屋顶天花板的结合。过渡板的安装过程中,先通过塑料胀管或膨胀螺栓将过渡板固定在顶棚的预定位置上,待底盘元件均已安装完毕,可将电源线从引线孔穿出,然后托着底盘在对应的过渡板上进行螺栓的安装。吸顶灯的安装不便观察,故不易对准位置时,这时可将一根细铁丝穿过底盘的安装孔,将其顶在螺栓的端部,使底盘慢慢靠近,最后可沿铁丝顺利地对准螺栓,实现过渡板的安装,如图 4-4-1 所示。

第四章 电器照明

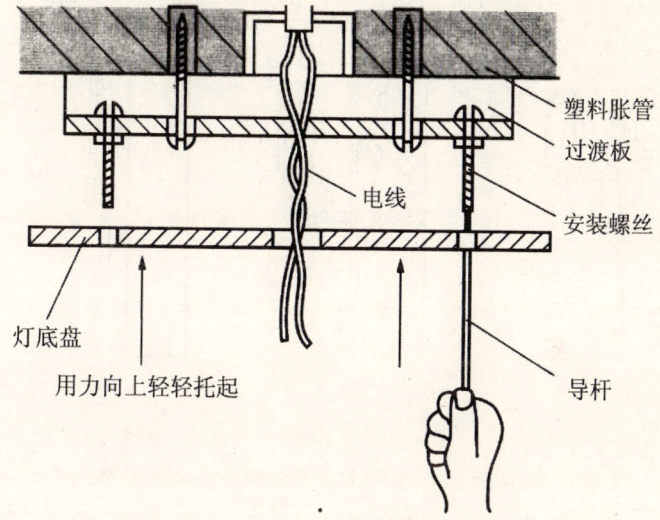

图 4-4-1 吸顶灯的安装

2.直接用底盘安装。可通过木螺钉将吸顶灯的底座直接固定在预先埋在天花板内的木砖上。

(二)壁灯的安装

如果壁灯需安装在砖墙上,则应在砌墙时预先埋置木砖或相应的金属构件。安装时需注意,壁灯的下沿距地面高度应为1.8~2.0米。虽然室内四面的墙壁所安装的壁灯高度可以不相同,但若将多个壁灯安装于同一面墙壁,则必须使其高度保持一致。

如果壁灯为明线敷设,则应先把塑料圆台或木台固定在木砖或金属构件上,然后方可将灯具的基座固定在木台上,如图4-4-2(a)所示。

若壁灯为暗线敷设,则可通过膨胀螺栓直接将其基座固定在墙内的塑料胀管中,如图4-4-2(b)所示。

若壁灯须安装装在柱子上,则可直接把灯具的基座安装在柱子的预埋金属构件上,或者通过抱箍固定的金属构件上,如图4-4-2(c)所示。

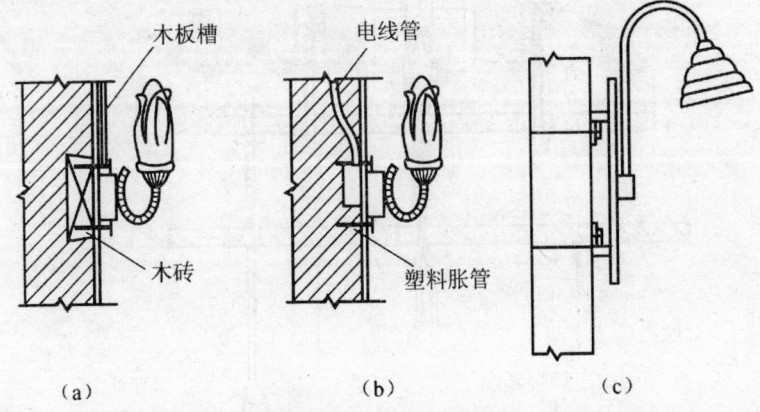

图 4-4-2 壁灯的安装
(a)壁灯为明线敷设　(b)壁灯为暗线敷设　(c)壁灯在柱子上

三、日光灯的安装

1. 准备灯架。日光灯的灯架须与其灯管的长度相匹配。

2. 组装灯具。组装灯具即将镇流器、启辉器、灯座以及灯管依次安装于铁制或木制的灯架上的过程。应选择与电源电压、灯管功率相匹配的镇流器，因镇流器较重，又会发热，所以，必须在镇流器上安装隔热的装置或将镇流器扣装在灯架的中间位置。启辉器的规格也须依据灯管的功率进行选择与确定。此外，还须使日光灯两灯座之间的安装距离保持准确，以防灯脚松动引起启辉器的掉落。

3. 固定灯架。固定灯架包括吸顶式和悬吊式两种方法。悬吊式又可分钢管悬吊与金属链条悬吊两种。安装前须在设计的固定点上打扎预埋合适的固定件，然后把灯架固定在对应固定件上。

4. 组装接线。开关的一个接线端和镇流器的另一个出线头进行联接，开关的另一个接线端则须同电源中的一根相线进行连接。同镇流器相联接的导线可以用瓷接线柱联接，还可直接进行联接，但直接联接时需注意妥恢复导线绝缘层。

5. 安装灯管。在灯管的安装过程中，应根据插座的不同分两种情况进行安装。具体方法如下：

第四章　电器照明

若是对插入式灯座,须先将灯管一端的灯脚插入带弹簧的一个灯座,适当用力将弹簧灯座的活动部分向外侧退出少许距离,然后趁机将另一端插入没有弹簧的灯座中。

若为开启式灯座,则应先将灯管两端的灯脚同时卡人灯座的开缝中,然后用手握住灯管两侧的端头,轻轻旋转约 1/4 圈,直到灯管的两个引出脚被弹簧片卡紧为止,如图 4－4－3 所示。

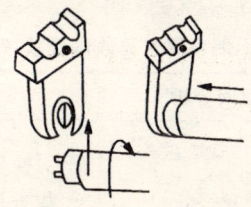

图 4－4－3　安装灯管

6. 安装启辉器。将启辉器旋放于启辉器底座上,如图 4－4－4 所示。待开关、熔断器等器件按白炽灯的安装方法完成接线,并经过检查无误后,即可通电试用。

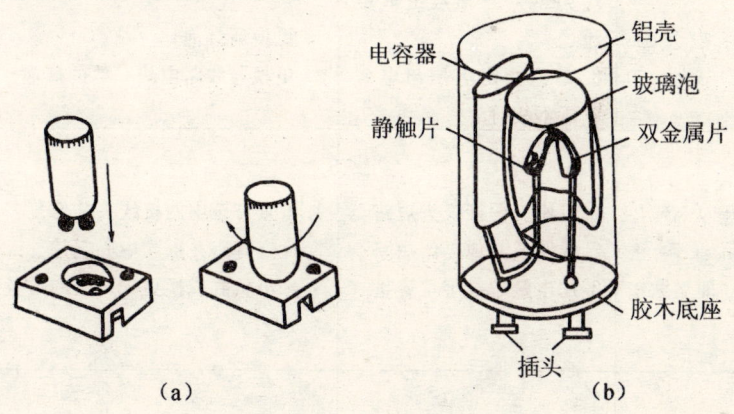

图 4－4－4　安装启辉器
(a)结构　(b)装配

第五节 照明电器的检修

一、白炽灯常见故障及检修方法

白炽灯照明电路常见故障现象、产生原因及检修方法,见表4-5-1。

表4-5-1 白炽灯照明电路常见故障现象、产生原因及检修方法

常见故障现象	产生原因分析	检修方法
灯不亮	1. 灯丝烧断 2. 电源保险丝烧断 3. 开关、灯座接线松动或接触不良 4. 线路中有断路故障	1. 更换新灯泡 2. 检查熔丝烧断的原因并更换熔丝 3. 检查原因,加以紧固 4. 检查电路的断路处并修复
灯泡发强烈白光	1. 灯泡灯丝搭丝造成电流过大 2. 灯泡额定电压与电源电压不相符	1. 更换新灯泡 2. 更换与线路电压一致的灯泡
开关合上后保险丝立即熔断	1. 灯座内两接线头短路 2. 线路或其他电器短路 3. 用电量超过熔丝容量	1. 检查灯座内两接线头并修复 2. 检查灯座并扳准中心铜片 3. 减小负载或换更大一级的熔丝
灯光暗淡	1. 灯泡使用寿命终止 2. 电源电压过低 3. 灯泡外部积垢或积灰	1. 更换新灯泡 2. 调整电源电压 3. 擦去灰垢

第四章　电器照明

续表

常见故障现象	产生原因分析	检修方法
灯泡忽明忽暗或忽亮忽灭	1. 电源电压忽高忽低 2. 附近有大功率设备接入电网 3. 灯泡灯丝已断，断口处相距很近，灯泡晃动后忽断忽连 4. 灯座、开关接线松动 5. 保险丝接头处接触不良	1. 检查电源电压 2. 待设备启动过后会好转 3. 及时更换新灯泡 4. 检查灯座和开关并修复 5. 紧固保险丝

二、日光灯常见故障及检修方法

日光灯照明电路常见故障现象、产生原因及检修方法，见表4－5－2。

表4－5－2　日光灯照明电路常见故障现象、产生原因及检修方法

故障现象	故障原因分析	检修方法
日光灯不能发光	1. 电源电压过低或电源线路较长造成电压压降过大 2. 镇流器与灯管规格不配套或镇流器内部断路 3. 气温太低难以启辉 4. 灯管与灯脚或启辉器与启辉器座接触不良 5. 新装日光灯接线错误	1. 加粗导线 2. 更换与灯管配套的镇流器 3. 进行灯管加热、加罩或换用低温灯管 4. 重新装调启辉器与启辉器座，使之良好配接 5. 断开电源及时更正错误线路

续表

故障现象	故障原因分析	检修方法
日光灯灯光抖动及灯管两头发光	1. 日光灯接线有误或灯脚与灯管接触不良 2. 电压太低 3. 启辉器本身短路或启辉器座两接触头短路 4. 镇流器与灯管不配套或接触不良 5. 气温较低,难以启辉	1. 更正错误线路或修理加固灯脚接触头 2. 调整电压或加粗导线截面积 3. 更换启辉器,修复启辉器座的触片位置或更换启辉器座 4. 配换适当的镇流器,加固接线 5. 进行灯管加热或加罩处理
灯光闪烁	1. 新灯管出现的暂时现象 2. 单根灯管常见现象 3. 日光灯启辉器质量不佳或损坏 4. 镇流器与日光灯不配套或有接触不良	1. 一般使用一段时间后即可好转,无须特殊处理 2. 有条件可改用双灯管解决 3. 换新启辉器 4. 调换与日光灯配套的镇流器或检查线路接线有无松动,进行加固处理
日光灯在关闭开关后,仍会有微弱亮光	1. 开关有漏电现象 2. 开关不是接在火线上,而是错接在零线上	1. 加以更换和修复,漏电严重时应更换新开关 2. 把开关接在火线上
日光灯管两头发黑或产生黑斑	1. 电源电压过高 2. 灯管老化陈旧 3. 镇流器与日光灯不配套 4. 灯管内水银凝结(是细灯管常见的现象)	1. 对电压加以调整 2. 更换新灯管 3. 更换与日光灯管配套的镇流器 4. 启动后即能蒸发,也可将灯管旋转180°后再使用

第四章　电器照明

续表

故障现象	故障原因分析	检修方法
日光灯亮度降低	1.温度太低或冷风直吹灯管 2.灯管老化陈旧 3.线路电压太低或压降太大 4.灯管上积垢太多	1.加防护罩并回避冷风直吹 2.严重时更换新灯管 3.检查线路电压太低的原因,有条件时调整线路或加粗导线截面使电压升高 4.断电后清洗灯管并做烘干处理
噪声太大或对无线电干扰	1.镇流器质量较差或铁芯硅钢片未夹紧 2.电路上的电压过高,引起镇流器发出声音 3.启辉器质量较差引起启辉时出现杂声 4.镇流器过载或内部有短路处 5.启辉器电容器失效开路,或电路中某处接触不良 6.电视机或收音机与日光灯距离太近引起干扰	1.更换新的配套的镇流器或紧固硅钢片铁芯 2.设法降低线路电压 3.更换新启辉器 4.检查镇流器过载的原因,并做相应处理;镇流器短路时应换新镇流器 5.更换启辉器或在电路上加装电容器,或在进线上加滤波器来解决;若是接触不良,查找原因并解决 6.电视机或收音机与日光灯距离要尽可能远些
日光灯的镇流器过热	1.新装日光灯接线有误 2.电源电压过高 3.镇流器质量差,线圈内部匝间短路或接线不牢 4.灯管闪烁时间过长	1.对线路进行更改 2.检查电源,并采取相应措施 3.旋紧接线端子,必要时更换新镇流器 4.检查闪烁原因,灯管与灯脚接触不良时要加固处理,启辉器质量差要更换,日光灯管质量差引起闪烁,严重时也需更换

续表

故障现象	故障原因分析	检修方法
日光灯寿命太短或瞬间烧坏	1. 镇流器与日光灯管不配套 2. 镇流器质量差或镇流器自身有短路致使加到灯管上的电压过高 3. 电源电压太高 4. 新装日光灯接线有误 5. 日光灯管受到震动致使灯丝震断或漏气	1. 换接与日光灯管配套的新镇流器 2. 及时更换新镇流器 3. 电压过高时找出原因,加以处理 4. 更正线路接错之处 5. 改善安装位置,避免强烈震动,然后再更换新灯管

三、开关和插座常见故障和检修方法

开关常见故障现象、产生原因及检修方法,见表4-5-3。

表4-5-3 开关常见故障现象、产生原因及检修方法

常见故障现象	故障原因分析	检修方法
闭合开关后电路不通	1. 接线螺丝松脱 2. 内部有杂物,使开关触片不能接触 3. 机械卡死	1. 紧固接线螺丝 2. 清除杂物 3. 给机械部位加润滑油,机械部分严重损坏时,应更换开关
接触不良	1. 接线螺丝松脱 2. 开关接线处铝导线与铜压接头形成氧化层 3. 开关触头上有污物 4. 拉线开关触头磨损、打滑	1. 打开开关盖,压紧接线螺丝 2. 换成搪锡处理的铜导线或铝导线 3. 断电后清除污物 4. 断电后修理或更换开关

第四章 电器照明

续表

常见故障现象	故障原因分析	检修方法
开关烧坏	1. 负载短路 2. 长期过载	1. 处理短路故障 2. 减轻负载或更换容量大一级的开关

插座常见故障现象、产生原因及检修方法,见表4-5-4。

表4-5-4 插座常见故障现象、产生原因及检修方法

常见故障现象	故障原因分析	检修方法
插头插上后没有接通或接触不良	1. 插头压线螺丝松动,联接导线与插头片接触不良 2. 插头根部电源线在绝缘皮内部折断,造成时通时断 3. 插座口过松或插座触片位置偏移,使插头接触不上 4. 插座引线与插座旋紧压接导线螺丝松开,引起接触不良	1. 打开插头,重新旋紧压接导线与插头的联接螺丝 2. 剪断插头端部一段导线,重新联接 3. 断电后,将插座触片收拢一些,使其与插头接触良好 4. 重新联接插座电源线,并旋紧螺丝
插座烧坏	1. 插座长期过载 2. 插座联接线处接触不良 3. 插座局部漏电引起短路	1. 减轻负载或更换容量大的插座 2. 紧固螺丝,使导线与触片联接好并清除生锈物

续表

常见故障现象	故障原因分析	检修方法
插座短路	1.导线接头有毛刺,在插座内松脱引起短路 2.插座的两插口相距过近,插头插入后碰连引起短路 3.插头内接线螺丝脱落引起短路 4.插头负载端短路,插头插入后引起弧光短路	1.重新联接导线与插座,在接线时要注意将毛刺清除 2.断电后,打开插座修理 3.重新把紧固螺丝旋进螺母位置,固定紧 4.消除负载短路故障后,断电更换同型号的插座

习题

1. 荧光灯具有哪些特点,适宜安装荧光灯的场所是哪里?
2. 如何进行瓷绝缘子配线?
3. 灯具安装的基本要求是什么?
4. 如何正确地安装吸顶灯?
5. 如何正确排除白炽灯的故障?

第五章　配电线路施工

第五章　配电线路施工

> 本章学习目标
> 1. 了解配电线路的基本知识
> 2. 掌握配电线路的安装技能
> 3. 掌握低压架空线路的安装方法
> 4. 掌握电缆线路的布线方法。

配电线路施工是电工最重要的必备技能。要求电工必须掌握10kV及以下配电线路的基本知识和登杆的操作方法。同时，需要熟记杆上作业的基本操作方法和技术要求，并对进户线的安装要求有一定了解。

第一节　配电线路基本知识

（一）配电线路分类

根据输送电能的多少和输送距离的远近，架空电力线路采用不同的电压等级。一般可分为送电线路和配电线路。目前，按照我国新规定，220V/380V为低压配电线路、3～10kV为中压配电线路、35～110kV线路为高压配电线路。

根据实际需要，我们只介绍10kV及10kV以下的配电线路，主要是10kV架空配电线路、三相四线制的动力配电线路以及照明配电线路。

（二）配电线路的组成

1. 杆塔及横担

架空电力线路的杆塔是架空电力线路最主要的设备之一，是支承导线（包括避雷线）并使导线之间以及导线与大地之间保持一定距离的构件。

杆塔种类繁多，现将简要介绍10kV及以下的配电线路常用杆塔。

(1)杆塔分类:按在线路中的用途和功能可分为五种,即直线杆塔、耐张杆塔、转角杆塔、分支杆塔和终端杆塔。其中,直线杆塔用来支承导线(包括避雷线)的重力及作用于它们的风力;耐张杆塔除直线杆塔作用外,还承受导线、避雷线的张力,以防当其前后有倒杆、断线时保持杆塔不倒;转角杆塔用来支承导线(包括避雷线)张力,使线路改变走向形成转角,若该转角为耐张型(一般转角在5度以上)则称为转角耐张杆塔;分支杆用于高低压配电线路的线路分支线处,有耐张杆分支和直线杆分支;终端杆塔用于线路起始或终止处,一般设在变电站或发电厂的进出线架构前,一侧接线路导线,一侧接进出线架构。

(2)横担:横担用来安装绝缘子从而支承和悬挂导线,并使导线间保持一定距离。因此,横担除了要满足机械强度,还要有相应的长度和尺寸。制作横担的材料目前主要有角钢和瓷。大多数钢筋混凝土电杆采用角钢横担,只有部分高压配电线用瓷横担。钢、瓷横担如图5—1—1。

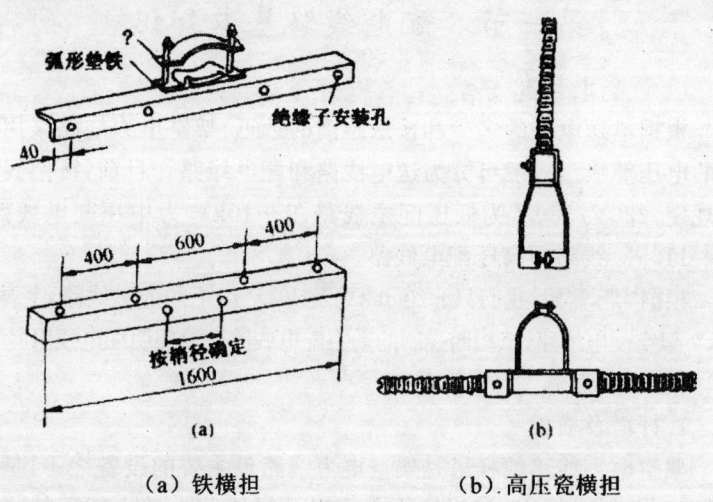

(a)铁横担　　　　　　(b).高压瓷横担

图5—1—1　横担

2.杆塔基础

杆塔基础使之将杆塔固定在土壤中的地下装置和杆塔自身埋

第五章 配电线路施工

入土壤中起固定作用的部分。其作用是支承杆塔全部负荷,并保证杆塔在运行中不发生下沉或在受外力作用时不发生倾倒或变形。

3. 导线与避雷线

导线的用途是传输电能,因而要求导线的导电性能要好,电阻率要小,抗氧化、抗腐蚀的能力要强。又因为导线需架空悬挂在杆塔上,所以还要有足够的机械强度。

(1)导线的种类:电力线路的导线可分为三种形式:单股导线,即一根实心的金属线,一般只有铜线或钢线才用作单股导线;同种金属的多股绞线,即用同样金属的单线绞合而成,如铝绞线、铜绞线、镀锌钢绞线、铝镁合金绞线等;复合金属多股绞线,由两种金属的股线绞合而成,如钢芯铝绞线(钢芯铝绞线充分地利用了铝线的良好导电性能和钢的高机械强度性能,因此应用广泛)。

(2)导线的规格型号:导线型号前面部分是汉语拼音大写字母,后面是数字。汉字拼音的第一个字母表示导线的材料和结构:L—铝导线,T—铜号线,G—钢导线,LG—钢芯铝导线;若后面还有字母 J,则表示为多股绞线,不加则为单股导线;铝(铜)绞线字母后面的数字表示导线的标称截面,单位是 mm;钢芯铝绞线字母后面有两个数字,并用斜线隔开,前者为铝线部分的标称截面,后者为钢芯的标称截面。

(3)导线选择的条件与规定:10kV 主干线或线路较长的线路首先考虑电压损失,其次是发热条件。低压电网主要考虑发热条件,若线路较长、负荷较大,还需考虑电压损失。大负荷线路都要考虑发热条件;架空线路各种导线都必须考虑机械强度。实际工作中,选用导线要给生产的发展进而负荷的增长留有余度。

4. 绝缘子

绝缘子是架空线路设备主要元件之一,其作用是使导线和杆塔绝缘,并承受导线及各种附件的机械负荷。绝缘子种类很多,如针式、蝶式、悬式、瓷横担式等,另外还有硅橡胶绝缘子。各种绝缘子型式如图 5—1—2。

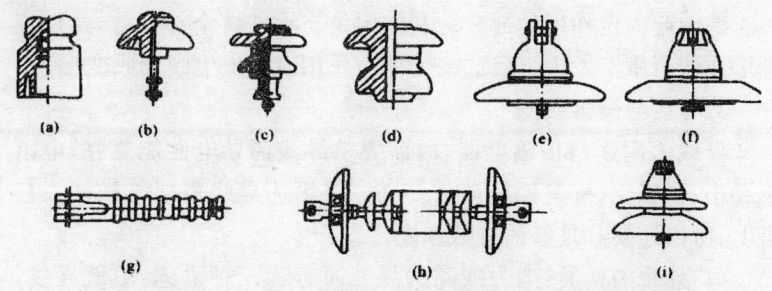

(a)低压针式　(b)高压针式　(c)高压针式　(d)低压蝴蝶式
(e)槽型悬式　(f)球型悬式　(g)瓷横担　(h)硅橡胶绝缘子
图5-1-2　各类绝缘子

绝缘子的符号意义:P为针式、E为蝶式、X为悬式、D为低压,符号后面的数字表示耐压或机电荷载或抗弯抗拉强度。如E-6型为蝶式绝缘子,耐压6kV;X-4.5型表示悬式绝缘子,机电荷载为4.5t,球头型连接等。

5.金具

线路金具是所有将架空电力线路绝缘子、导线和避雷线悬挂或拉紧在杆塔上;将导线、避雷线接续起来,以及将拉线固定在杆塔上所用的金属零件的统称。线路金具按其性能和用途大致可分为悬垂线夹、耐张线夹、连接金具、连续金具、保护金具和拉线金具六大类。图5-1-3所示为部分常用金具外形图,图5-1-4所示为横担固定金具外形图。

6.接地装置

接地装置是接地体和接地线的总称。接地体指埋入地中并直接与大地接触的金属导体,可分为人工接地体和自然接地体两种。接地线是指连接杆塔与接地体用的金属导体(也称接地引下线),一般用镀锌钢绞线做成。

7.拉线

拉线是架空线路构成的重要部分,其作用是通过平衡导线与避雷线水平方向的作用力、承受风力和断线张力来稳定杆塔。架空线路中,凡承受固定不平衡荷载比较显著的电杆,均应装设拉线。

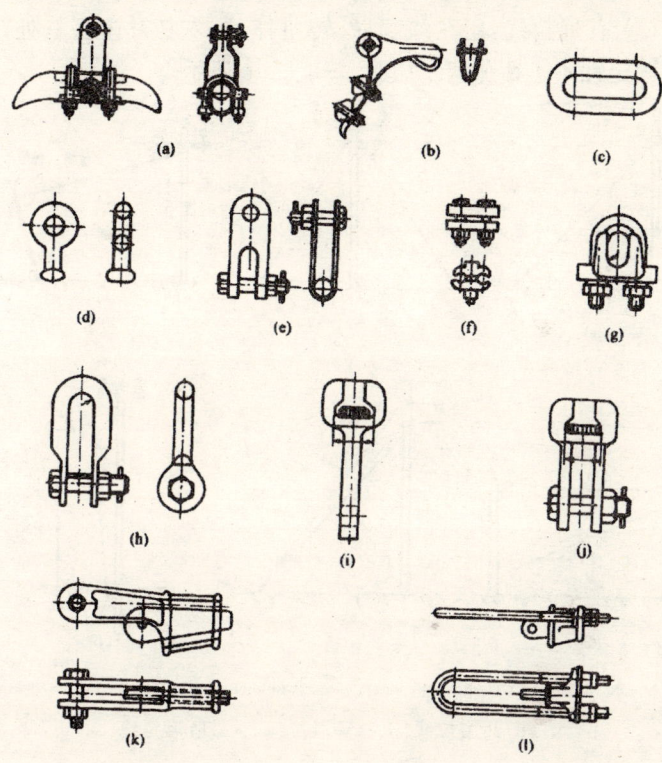

(a)悬垂线夹 (b)耐张线夹 (c)挂环 (d)球头挂环
(e)直角挂板 (f)并沟线夹 (g)钢线卡子 (h)U型挂环
i)单联碗头挂板 (j)双碗头挂板 (k)楔型线夹 (l)UT型线夹

图5—1—3 部分常用金具外形图

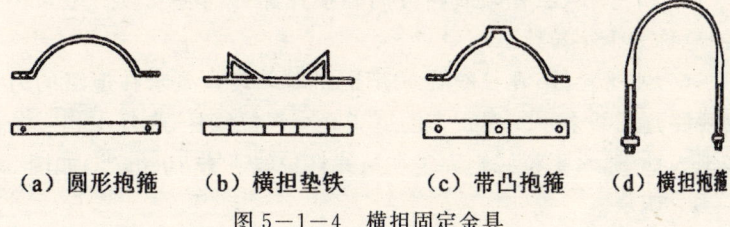

(a)圆形抱箍　(b)横担垫铁　(c)带凸抱箍　(d)横担抱箍

图5—1—4 横担固定金具

架空配电线路中,拉线一般可分为以下几种:

(1) 普通拉线:用在终端杆、转角杆、分支杆及耐张杆处,用以平衡固定性不平衡荷载。如图 5—1—5 a 所示。

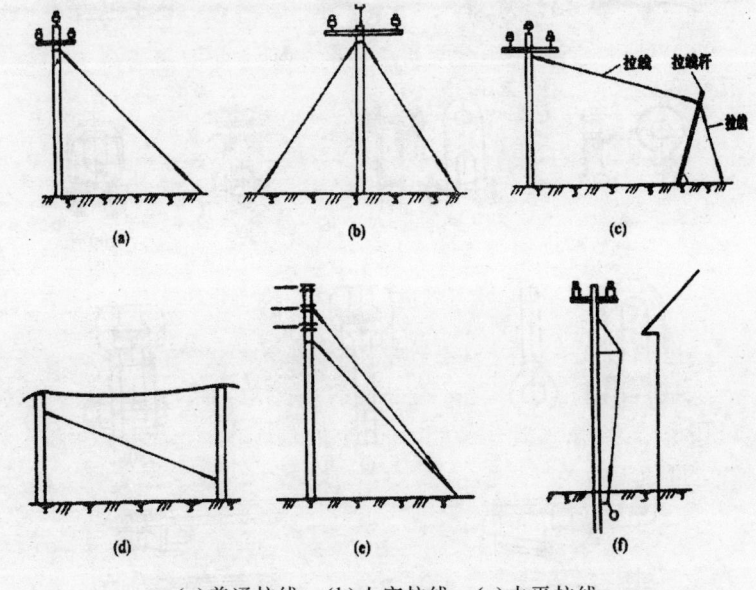

(a)普通拉线　(b)人字拉线　(c)水平拉线
(d)共用拉线　(e)V 形拉线　(f)弓形拉线

图 5—1—5　拉线

(2) 人字拉线:由两根普通拉线组成,装在线路垂直方向电杆的两侧;多用于直线杆。它的功能是加强电杆防风倾倒的能力,如图 5—1—5 b 所示。

(3) 十字拉线:在顺线路方向和横线路方向各安装一组人字拉线,总称为十字拉线。

(4) 水平拉线:在拉线需横跨道路时装设。要求在道路的另一侧线路延长线上不妨碍行人的道旁立一根拉线杆,在杆上作一条拉线埋入地下,水平拉线则固定在拉线杆拉线下方 10cm 处,如图 5—1—5 c 所示。

(5) 共用拉线:直线杆沿线路方向常常出现不平衡张力,而装设普通拉线又没有条件,此时可在两杆间设共用拉线。

(6) V形拉线:当电杆较高,横担较多、较大时常用 V 形拉线。为使电杆受力均匀,可在张力合成点上下两处安装 V 形拉线,如图 5—1—5d 所示。

(7)弓形拉线:由于地形和环境的限制不能安装普通拉线时可用弓形拉线。

第二节　登杆操作

(一)登杆工具

登杆工具可分为脚扣和脚踏板两种。

1.脚扣

常用的脚扣又分为用于登水泥杆的带防滑胶套的不可调铁脚扣和带胶皮的可调式铁脚扣。可调式铁脚扣,主要用来攀登水泥杆,也可用于攀登木杆等径杆,脚扣的外形如图 5—2—1 所示。

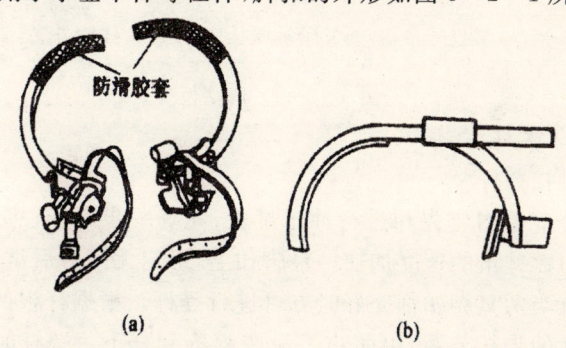

(a)水泥杆脚扣　(b)可调式脚扣

图 5—2—1　脚扣

2.脚踏板

脚踏板的制作是先将质地坚韧的木材制成 30～50mm 厚的长

方形踏板；再将百棕绳的两端分别系在踏板两头的扎结槽内,然后在绳的中间穿上一个铁制挂钩。绳长应为操作者的身长加手长,踏板和白棕绳应至少承受300公斤的重量。脚踏板的尺寸及使用方法如图5－2－2所示。

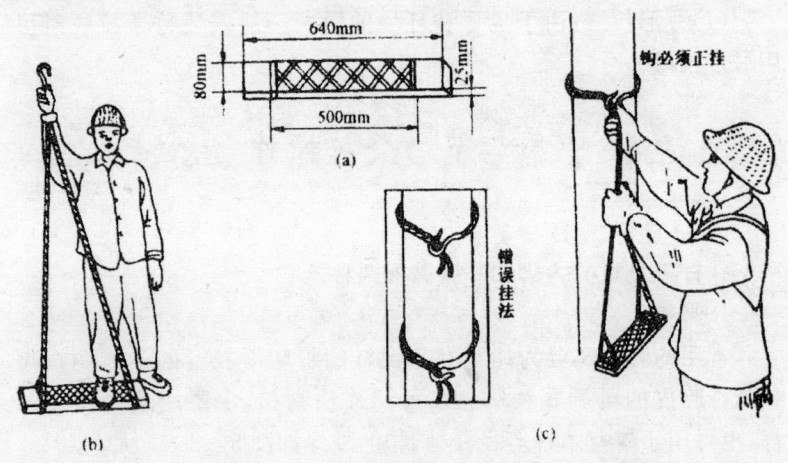

(a)踏板尺寸　(b)踏板绳长度　(c)挂钩方法

图5－2－2　脚踏板

(二)登杆方法

1.脚扣登杆

登杆前要对脚先相进行冲击试验：先登一步电杆,然后使整个人体重力以冲击的速度加在一只脚扣上,确定无问题后试另一只脚扣。只有当两只脚扣都完好时方可进行登杆。根据杆根的直径,调整好合适的脚扣节距,以防止下滑或腕落到杆下。登杆时,两手扶杆,用一只脚稳稳地扶住电杆,接着右脚向上跨扣、踩稳,同时右手向上扶住电杆,提左脚向上攀登。两脚交替上升,步子适宜,上身前倾,臀部后坐,切忌双手按抱电杆。快到杆顶时,选择好合适的位置,系好安全带。

下杆方法基本是上杆动作的重复,但方向相反。如果水泥杆是拔梢杆,登到一定高度以后可适当收缩,以适合变细的杆径；在下杆

第五章 配电线路施工

时应逐渐伸展脚扣的节距,以适合逐渐增大的杆径。注意:调节右脚脚扣时,左脚踩稳,右脚脚扣从杆上拿出并抬起,右手扶住电杆,左手绕过电杆抓住右脚脚扣上半部调到合适的位置;调节左脚则程序相反。

2. 脚踏板登杆

上杆前,先检查脚踏板各部分有无缺陷,经试验安全后再进行登杆。上杆时,先将一只踏板钩挂在电杆上,另一只踏板反挂在肩上;右手握住挂钩端双根棕绳,并用大拇指顶住挂钩,左手握住左边贴近木板的单根棕绳,把右脚跨上踏板;然后右手、右脚同时用力使人体上升,重心转到右脚,左手即向上扶住电杆。

上升到一定高度时,松开右手并向上扶住电杆使人体立直,将左脚绕过左边单根棕绳踏入木板内。人体站稳后,将另一只踏板挂在电杆上方,然后右手握紧一只踏板的双根棕绳,用大拇指顶住挂钩,左手握住左边靠近木板的单根棕绳,让左脚从下踏板左边的单根棕绳内绕出,并在下踏板正面站稳。然后右脚跨上上踏板,手脚用力,使人体上升。当左脚离开下面踏板后,将其解下,此时左脚须抵在下踏板挂钩下面,然后左手摘下踏板挂钩,向上站起。之后按此步骤攀登,直至所需高度。

下杆与登杆程序相反。下杆前,人体在一只踏板上(左脚绕过左边棕绳踏在木板上)站稳,把另一只踏板钩在下方电杆上挂好。右手紧握踏板挂钩处两根棕绳,大拇指抵住挂钩,左脚抵住电杆并向下伸,随即用左手握住下踏板的挂钩处,人体也随左脚的下落而下降。同时,将下踏板降到合适的位置,左脚插入下踏板两根棕绳之间并抵住电杆,左手握住上踏板靠近木板左端的棕绳,左脚用力抵住电杆防止踏板下滑和人体晃动。同时右手下移至上踏板下侧靠近木板右端的棕绳,双手紧握棕绳,左脚抵住电杆不动,人体逐渐下降,双臂随人体下降慢慢伸直。此时人体后仰,右脚从踏板中退下,使人体不断下降,直至右脚踏到下踏板。最后把左脚从下踏板两根棕绳内抽出,人体贴近电杆站稳,左脚下移并绕过左边棕绳踏

到下踏板上。重复步骤,直至双脚着地。

(三)登杆操作注意事项

登杆操作练习时必须有专人指导、保护。

1. 使用脚扣登杆时应注意

(1)在登杆前应对脚扣进行人体荷载冲击试验;穿脚扣时,脚扣带的松紧要适当,以防止脚扣在脚上转动或脱落。

(2)上杆时,一定要调节好脚扣的大小,使之扣牢电杆。上、下杆的每一步都必须使脚扣与电杆之间完全扣牢,以免造成下滑及其他危险。

(3)雨天或冰雪天不宜登杆。

2. 使用脚踏板登杆时应注意

在登杆前应对脚踏板进行人体荷载冲击试验,检查脚踏板各部位是否牢固可靠,以免登杆时出现事故。

(四)登杆作业时安全用具的使用

1. 安全带的使用

安全带是安装、检修架空线路高空作业必不可少的工具,用以防止工作人员高空摔跌。登杆前,将安全带系在腰部以下臀部以上的位置,且松紧适当。上杆前,要将安全带系在杆塔的牢固部位,打开腰带挂钩上的保险环,与安全带另一头的挂环扣好,把保险环上在防止挂钩脱钩的位置。每次解、挂安全带时,必须检查安全带环扣是否扣牢。转移工作位置时,不得脱离安全带的保护。

2. 安全帽

安全帽须具有良好的冲击吸收性能、耐穿透性能、耐低温性能、电绝缘性能和侧向刚性,以有效防护高空落物,减轻对头部冲击伤害。

3. 传递绳

高空作业时,上、下传递工具、材料必须使用传递绳,严禁抛扔。常用传递绳是柔性绳索,如麻绳、棕绳、锦纶绳等。

工程中常用的10个绳扣,如图5—2—3所示。

第五章 配电线路施工

直扣:临时将麻绳的两端结在一起,可自紧,易解开。图 5—2—3(a)

活扣:用途同直扣,但它能迅速解开。图 5—2—3(b)

紧线扣:用于紧线时绑结导线,或拴腰绳系扣。图 5—2—3(c)

猪蹄扣:用于传递物件和抱杆顶部等处绑绳。图 5—2—3(d)

抬扣:抬重物时用,易于调整或解开。图 5—2—3(e)

倒扣:用于临时拉线往地锚上固定。图 5—2—3(f)

背扣:用于杆上作业时上下传递工具、材料等。图 5—2—3(g)

倒背扣:用于垂直起吊轻而细长的物件。图 5—2—3(h)

拴马扣:用于绑扎临时拉绳。图 5—2—3(i)

瓶扣:用于吊物体。图 5—2—3(j)

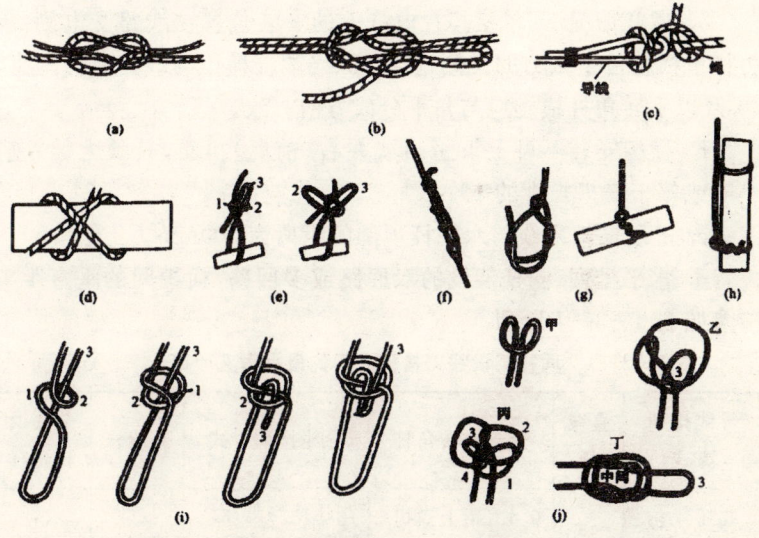

(a)直扣　(b)活扣　(c)紧线扣　(d)猪蹄扣　(e)抬扣
(f)倒扣　(g)背扣　(h)倒背扣　(i)拴马扣　(j)瓶扣

图 5—2—3　工程常用的绳扣

第三节 配电线路安装

(一)电杆的装配与组立

1. 电杆装配

架空配电线路的电杆按其作用可分为直线杆塔、耐张杆,转角杆及终端杆、分支杆等,但普遍采用钢筋混凝土杆。

(1)电杆的装配方法

钢筋混凝土电杆使用角铁横担时一般都用抱箍固定。横担安装后可安装绝缘子。

横担的安装要求:

a. 通常情况下,单横担在电杆上的安装位置在线路受电侧;承力杆单横担位于张力的反侧;直线杆、终端杆横担与线路方向垂直,30°及以下转角杆横担应与角平分线方向一致。

b. 横担安装不可上下歪斜或左右(前后)扭斜,其最大偏差应小于或等于横担长度的 1%。

c. 上层横担准线与水泥杆顶部的距离为 200mm。

d. 水平排列、同杆架设的双回路或多回路,横担间的垂直距离应参照表 5-3-1 所列。

表 5-3-1 同杆架设线路横担之间的最小垂直距离　　　(m)

导线排列方式	直线杆	分支或转角杆	导线排列方式	直线杆	分支或转角杆
高压线与高压线	0.80	0.45(距上横担) 0.60(距下横担)	高压线与低压线	1.20	1.00
			低压线与低压线	0.60	0.30

e. 通常,15°以下的转角杆采用单横担;15°~45°的转角杆采用双横担;45°以上的转角杆采用十字横担。

10kV 架空配电线路绝缘子与横担的连接:

直线杆宜采用针式绝缘子或瓷横担;耐张杆宜采用一个悬式绝

第五章 配电线路施工

缘子和一个蝶式绝缘子或两个悬瓦绝缘子串及耐张线夹。

低压架空绝缘线路绝缘子与横担连接：

直线杆应采用低压针式绝缘子、低压蝶式绝缘子或低压悬挂线夹；耐张杆宜采用低压蝶式绝缘子，一个悬式绝缘子或低压耐张线夹形式。

(2) 电杆装配的质量要求

电杆组装后应作全面检查，看所用材料和构件是否符合规定，安装工艺是否符合要求：

a. 各螺丝部件必须经过热镀锌处理，丝口无滑丝、断丝。顺线路者，螺栓由送电侧（或按统一方向）穿入；横线路者，两侧由内向外，中间由左向右（指面向受电侧）或按统一方向；垂直地面者，一律由下向上穿。螺栓连接构件时，螺栓与构件面应垂直，构件与螺栓头平面间不得有间隙。螺母拧紧后，螺杆露出螺母的长度，单螺母≥2个螺距，双螺母可相平。

b. 横担应安装牢固，并与电杆保持垂直平正，最大偏差应≤横担长度的1‰，弱微2层以上横担，各横担间应平行。

c. 直立安装瓷横担绝缘子时，顶端顺线路歪斜≤10mm；水平安装时，顶端上翘5°～15°；顶端顺线路歪斜≤20mm。当安装于转角杆时，瓷横担支架应装在转角内角侧。

d. 针式绝缘子应垂直牢固。铁横担上安装针式绝缘子时，应有弹簧垫圈或用双螺帽紧固。

(3) 电杆的埋设深度

电杆的埋设深度一般采用表5-3-2所列值：

表5-3-2 电杆的埋设深度 （m）

杆高	8.0	9.0	10.0	11.0	12.0	13.0	15.0	18.0
埋深	1.5	1.6	1.7	1.8	1.9	2.0	2.3	2.7

2.电杆的组立

(1)电杆的重心

a. 等径杆、重心高度：$H=\frac{1}{2}h(m)$（h指杆长）。

b. 拔梢杆的重心高度：$H≈0.44h(m)$（h指杆长）。

(2)吊点的确定

a. 一般等径杆，单吊点 C 点 $Lc≈1.44L$。L—从杆根支点到吊点的距离；Lc—重心到杆根支点的距离。

b. 锥形杆，锥度为 1/75。单吊点 C 的理想位置 $Lc=0.8L$。Lc—吊点到杆根支点的距离；L—杆梢到杆根支点的距离。

(3)电杆的起立方法

混凝土杆的起立应根据杆的规格和现场条件确定。15m 及以下的电杆起立方法多采用固定式人字抱杆起吊方法和汽车起重机立杆法。

a. 立杆的质量要求

电杆根部中心与线路中心线的横向位移：直线杆不得大于 50mm；转角杆应向内角侧预偏 100mm。

直线杆顶端各方向偏移不得超过杆长的 1/200；转角杆应向外角中心线方向倾斜 100～200mm；终端杆应向拉线侧倾斜 100～200mm；分支杆应向拉线侧倾斜 100mm。

b. 立杆的安全注意事项

开工前，讲明施工方法及信号。立杆时有专人指挥，作业人员必须戴好安全帽。在居民区和交通道路上立杆时，应设专人看守；

使用合格的起重设备，严禁过载；

立杆过程中，杆坑内严禁有人。除指挥人及指定人员，其他人员须在离杆 1.2 倍杆高的距离以外；

固定式人字抱杆起吊电杆时抱杆前后拉线和抱杆中心位置应在同一直线，拉线应固定在地锚上；

第五章 配电线路施工

电杆起立登腔后,先填土夯实,完全牢固后才可登杆作业。

3. 拉线的安装

承受不平衡张力的电杆均应装设拉线,以达到平衡目的。

(1)拉线安装应符合的规定

a. 拉线与电杆的夹角不宜小于 45°;受地形限制时,不应小于 30°。

b. 终端的拉线及耐张承力拉线应与线路方向对正,分角拉线与线路分角线方向应对正,防风拉线与线路方向应垂直。

c. 拉线穿过公路时,对路面中心的距离≥6m,且对路面的最小距离≥4.5m。

(2)拉线的结构

UT 型线夹及楔形线夹固定的拉线包括主杆拉线抱箍、楔型线夹、二眼铁板、UT 型线夹、钢绞线卡子(马鞍线卡)、拉扛等。

(3)拉线的制作

a. 镀锌钢绞线上把的制作

根据拉线的长度,在切断钢绞线处缠绕细铁线,以防散股;

在距钢绞线的一个端头量出约 1m 的距离处将钢绞线弯曲成楔形线夹;

把钢绞线短头从楔形线夹小口穿入,楔形线夹主体穿过弯曲部位后,从楔形线夹另一侧穿入让钢绞线短头从小口穿出;

在钢绞线弯曲部装夹舌头,将钢绞线弯曲部朝下,楔形线夹主体往下滑落,使钢绞线及舌头穿入楔形线夹的主体夹库。受力拉线紧靠线夹直面,副线紧靠线夹斜面;

用小锤向下击打楔形线夹主体(击打部位垫上木块),使钢绞线、舌头和楔形线夹成为一个整体;

钢绞线短头约留 0.4m,多余的切掉,把钢绞线短头与较长的另一端并紧,用钢线卡子夹紧,拉线上把即制作完毕;

b. 镀锌钢绞线拉线下把的制作

在拉线棒上系好紧线器的钢丝绳钩,连接紧线器与钢丝绳套,再用紧线器将电杆上的拉线适当收紧；

将 UT 型线夹卸开，U 形螺丝穿入拉线棒上端的拉环中，钢绞线拉线拉直并与 U 形螺栓丝扣部 2/3 处对齐、划印；

在划印处弯曲拉线，弯成与 UT 型线夹舌头的形状基本相同。拉线穿入 UT 型线夹本体，方法同穿楔形线夹；

UT 型线夹的舌头放入钢绞线弯曲部分，UT 型线夹本体向钢绞线弯曲部分移动，使钢绞线和舌头穿入 UT 型线夹本体，并用手锤击打，使三者成为一个整体；

连接 U 形螺栓与做好的 UT 型线夹本体，并安装平垫、防盗帽，拧紧螺栓；

旋紧 UT 型线夹的 U 形螺丝上的螺母，使 UT 型线夹本体与 U 形螺丝之间有一定调节余度。U 形螺丝的丝扣应露出全长大约 1/3；

拆除紧线器及钢丝绳钩；

钢绞线短头留 0.4m，余下部分切断，把钢绞线短头与较长的另一端并紧，用钢线卡子夹紧，拉线下把即制作完毕；

4. 放、紧线操作

（1）放线

a. 放线多在耐张段内进行，常用拖放法，如图 5-3-1。先将导线轴安放在线架上讲行牵引前线。牵引时应均速前进，同时应注意联络信号，以免损伤导线。当导线放到下一根电杆下时，由登杆人员将导线挂入装在横担上的滑轮槽内。导线截面较小，且耐张段不大时，可将导线直接放在横担上而不挂滑轮。

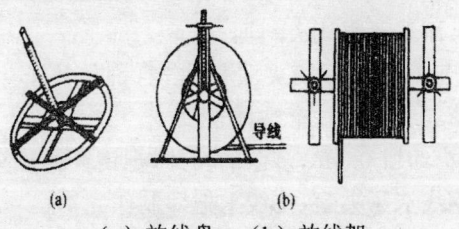

（a）放线盘　（b）放线架

图 5-3-1　放线方法

第五章 配电线路施工

b. 低压架空线路一般不标色标。相序排列面向电源从左到右为 UNVW，或 UVNW。

c. 导线在一个耐张段内需要连接时，必须在离电杆较近的地方进行连接，而且在一个档距内不能有两个以上接头。

d. 线路中间裸铝线连接一般采用接续管压接。

（2）紧线

a. 紧线方法。紧线一般采用单线紧线、两线紧线和三线紧线。

紧线时根据导线截面的大小和耐张段的长短，可选用人力紧线、紧线器紧线、绞磨紧线或汽车紧线等。线截面不大，且耐张距离也不太长时，仅采用在电杆横担上悬挂的紧线器紧线。

b. 紧线步骤。先将导线的一端与耐张杆上的蝶式绝缘子或耐张线夹固定好，在另一端耐张杆横担两端挂两个紧线器。地面人员将两侧导线在地面用力收紧，杆上人员用紧线夹头夹住导线，同时收紧两侧导线，并进行弧垂观测。弧垂观测好后，将导线与蝶式绝缘子或耐张线夹固定好，松开紧线器。

（二）导线的绑扎固定

架空配电线路的导线在针式及蝶式绝缘子上的固定，普遍采用绑线缠绕法。

1. 导线直线杆绑扎法，又叫顶扎法，是将导线固定在绝缘子顶部槽内。

（1）在绑扎处的导线上缠绕铝包带（若是铜导线则不缠铝包带）。先把绑线盘成一个圆盘，留出 250mm 左右的短头；用短头在绝缘子侧的导线上从导线外侧、经导线上方绕向导线内侧绕三圈。

（2）用盘起来的绑线在自绝缘子颈内侧从导线下方、经外侧绕向上方绕到绝缘子右侧的导线上，共三圈。

（3）用盘起来的绑线自绝缘子脖颈外侧绕到绝缘子左侧导线上，并再绑三圈，其方向是由导线下方、经内侧绕到导线上方。

（4）把盘起来的绑线自绝缘子脖颈内侧绕到绝缘子右侧导线

上三圈,方向是由导线下方、经外侧绕到导线上方。

(5)自绝缘子外侧把盘起来的绑线绕到绝缘子左侧导线下面,并从导线内侧上来,经绝缘子顶部交叉压在导线上,再从绝缘子右侧导线外侧绕到绝缘子脖颈内侧,并从绝缘子左侧的导线下侧经过导线外侧上来,经绝缘子顶部第二次交叉压在导线上。

(6)从绝缘子右侧的导线内侧将盘起来的绑线经下方绕到绝缘子脖颈外侧与绑线短头一并在绝缘子外侧中间绞合成一小辫,剪掉多余绑线,并将小辫压平。

2. 导线在转角杆绑扎

用于导线在转角杆针式或蝶式绝缘子上的绑扎法,当针式绝缘子无顶槽或顶槽太浅时,在直线杆针式绝缘子上也可用这种绑扎方法。

(1)把绑线盘成一个圆盘,在绑线的一端留出一个250mm左右的短头,用绑线的短头在绝缘子左侧的导线上绑三圈,顺序为自导线外侧经导线上方绕向导线内侧。

(2)将盘起来的绑线自绝缘子脖颈内侧,绕到绝缘子右侧导线上三圈,顺序为自导线下方绕到导线外侧,再到导线上方。

(3)用盘起来的绑线,从绝缘子脖颈内侧绕回到绝缘子左侧导线上三圈,顺序为自导线下方经过外侧绕到导线上方;再经绝缘子脖颈内侧回到绝缘子右侧导线上绑三圈,顺序为从导线下方经外侧绕到导线上方。

(4)用盘起来的绑线自绝缘子脖颈内侧绕到绝缘子左侧导线下方,并自绝缘子左侧导线外侧经导线下方绕到右侧导线上方。

(5)将绝缘子右侧上方的绑线经颈内侧回到绝缘子左侧,经导线上方由外侧绕到绝缘子右侧导线下方,回到导线内侧,使绑线在绝缘子外侧导线上压成"×"字。

(6)将(5)中的绑线端头绕到绝缘子脖颈内侧中间,与绑线短头拧2~3个绞合成一小辫,剪掉多余绑线,将小辫沿瓶弯下压平。

第五章 配电线路施工

3. 导线在终端杆上绑扎

(1) 导线在耐张线夹上的固定步骤:

a. 用紧线器收紧导线,使弛度比所要求稍小一些。

b. 在导线与耐张线夹的接触部分,应用铝带(铝绞线)或同规格的线股包缠上。

c. 卸下耐张线夹的所有 U 形螺栓,将导线放入线槽内,包缠部分紧贴线槽。装上压板及 U 形螺栓,拧紧螺母。在拧紧过程中应先拧承力侧后拧引流侧,并使压板受力均衡。

d. 螺栓紧固一次后,全面检查,再拧紧一次螺栓,使之特别紧固。

(2) 导线在蝶式绝缘子上的绑扎步骤:

a. 用宽 10mm,厚 1mm 软铝带将导线与绝缘子接触部分包缠上(铜绞线不缠铝带)。

b. 把绑线盘成圆盘,在绑线一端留出一个 50mm 的短头。

c. 将短头夹在导线与折回导线中间凹陷处,用绑线在导线上绑。

d. 绑扎至规定长度,与短头拧 2~3 个绞合成一小辫并压平在导线上。

e. 把导线端部折回,压在绑线上。

所用绑扎线直径各长度见表 5-3-3 所列。

表 5-3-3 导线绑扎长度 mm

导线种类	导线规范	绑线直径	绑扎长度	导线种类	导线规范	绑线直径	绑扎长度
单股线直径	φ3.2 以下	2.0	40	多股线截面 (mm²)	5.0	2.0~2.3	100
	φ3.2~3.53	2.0~2.3	60		16~25	2.0~2.3	100
	φ4.0	2.0~2.3	80		35~50	2.5~3.0	120

第四节 接户线

架空接户线是从架空线路电杆上引到建筑物第一支持点的一段架空导线。按电压等级架空接户线可分为低压接户线和高压接户线。低压接户线分架空接户线和电缆接户线,高压接户线分高压架空接户线和高压电缆接户线。

(一)低压架空接户线

1. 低压架空接户线的安装要求

(1)装设低压接户线时不应跨越公路、铁路、城市主要街道及高压架空配电线路;不允许穿过高压引线。

(2)自电杆引下的接户线,低压接户线的标距超过 25m 时应增设接户杆。

(3)低压进户线引入室内时,导线不允许直接引入,应从装设在建筑物墙壁中的瓷管或塑料管穿入(如用金属管应可靠接地),以防漏电或触电。

(4)绝缘接户线导线的截面:铜芯不应小于 $10mm^2$,铝芯不应小于 $16mm^2$。

(5)分相架设的低压绝缘接户线的线间最小距离见表 5-4-1。

表 5-4-1 低压绝缘接户线的线间最小距离 单位:m

架设方式		档距	线间距离
沿墙敷设	水平排列	4 及以下	0.10
	垂直排列	6 及以下	0.15

(6)不同材料、不同规格的低压架空接户线不得在同一档距内连接,跨越通车道的接户线不得有接头,铜铝连接须有过渡措施。

(7)低压架空接户线沿墙敷设时,支架间距不大于 3m,且应牢固地装设在墙上。各用户进户线前,一支持点与进户点距离超过 1m 时须另加一组支持点。

(8)低压架空接户线在用户侧的进户点对地应≥2.5m。

第五章 配电线路施工

(9)低压架空接户线在最大弧垂时的对地距离为:车辆通行的街道≥6m;通行困难的街道、人行道≥3.5m;胡同、巷子等≥3m。

(10)分相架设低压接户线与接户线下方窗户的垂直距离≥0.3m;与接户线上方阳台距离≥0.8m;与阳台或窗户的水平距离≥0.75m;与墙壁、构架的距离≥0.05m。

(11)接户线与永久建筑物之间距离≥0.2m。

(12)接户线零线在接户处应接地可靠。

(二)高压接户线

高压架空接户线引入室内时,须采用穿墙套管,以防漏电及接地事故;高压电缆接户线,应从户外架空线路电杆上引下,经电缆沟引至室内高压设备上。

高压架空接户线应符合下列要求:

(1)档距不宜大于 30m。

(2)导线截面:铜芯线不应小于 $25mm^2$,铝及铝合金芯线不应小于 $35mm^2$。

(3)采用绝缘线时,线间距离≥0.45m。

(4)接户线受电端的对地距离≥4.0m。

(5)接户线至地面或建筑物的垂直距离≥下列规定:

a. 一般城市:5.5m;

b. 繁华市区:6.5m;

c. 城市道路:7.0m;

d. 人行过街桥:4.0m;

e. 至河流最高水位:6.0m;

f. 跨越建筑物时与建筑物的垂直距离在最大计算弧垂情况下≥2.5m;

g. 与永久建筑物之间的距离在最大风偏的情况下≥0.75m。

(6)不同材料和规格的接户线,不得在同一档距内连接。接户线跨越通车街道时,不得有接头。如为铜铝连接,须有过渡措施。

(7)由两个不同电源引入的 10kV 及以下的接户线不应同杆

架设。

(三)接户线固定的要求

1. 接户线应固定在绝缘子或线夹上,固定时接户线应用单股塑料铜线绑扎。

2. 接户线在用户墙上应使用挂钩、耐张线夹、悬挂线夹和绝缘子固定。

3. 挂线应固定牢固。

4. 下列情况时,高压电力电缆进户时应设保护装置:

(1)电缆进入建筑物、隧道穿过楼板及墙壁处;

(2)电缆从电杆上引入地下时,或从地下或电缆沟引出地面时,地面上 2m 的一段应加保护装置,其根部应伸入地面下 0.1;

(3)其他可能受到机械损伤的地方。

第五节 低压架空线路的安装

架空线路是电网的重要组成部分,其作用是输送和分配电能。架空线路是采用杆塔支持导线的,适用于室外的一种线路,又可分为低压、高压和超高压 3 种。

(一)低压架空线路的基本知识

1. 线路的特点

低压架空线路通常采用多股绞合的裸导线来架设,导线的散热条件好。架空线路还具有结构简单、投资少、建设速度快、维护方便、变动、迁移容易等优点。但在大、中城市中,有碍城市的整洁和美观。同时,架空线路易受自然灾害的影响;如维护与管理不善也易发生触电事故。

我国规定低压供电线路采用三相四线制,电压等级为 380V/220V。

2. 线路的结构形式

(1)低压架空线路常用的结构形式包括三相四线制、单相二线

第五章 配电线路施工

制、高低压同杆架空线路、电力通信同杆架空线路和与路灯线同杆架空线路等。

（2）低压架空线路常用的杆型有直线杆、耐张杆、转角杆、转角耐张杆、分支杆、跨越杆和终端杆等。

（二）低压架空线路的组成

低压架空线路主要由导线、电杆、横担、绝缘子、金具、拉线等组成；其中最主要的是导线、电杆和绝缘子。

1. 导线

导线是线路的主体，用以传送和分配电能。架空导线必须具有良好的导电能力、强度和耐腐蚀性能，而且还要求质轻、价格低廉。一般都采用多股裸导线，但为了避免短路和触电，工矿企业内部及易受金属器件勾碰的场所，应采用绝缘导线。

2. 电杆

低压架空线路的电杆有木杆和钢筋混凝土杆两种。木杆质量轻，便于运输和施工，绝缘性能较好，但强度低，寿命短，维修工作量也偏大。钢筋混凝土杆具有使用寿命长、美观、维护工作量小、不易腐蚀、强度高和价格低等优点，在低压架空线路上使用广泛。混凝土电杆的埋设深度一般要求为全长的 1/6。

3. 横担

横担装在电杆上，用来支撑绝缘子、导线、开关、避雷器等元器件，并使它们之间保持一定距离。按制作材料横担可分为角钢横担、木横担和瓷横担 3 种。按在电杆上的安装方式可分为正横担、侧横担、交叉横担、单横担和双横担等。几种常用横担的形状如图 5-5-1 所示。

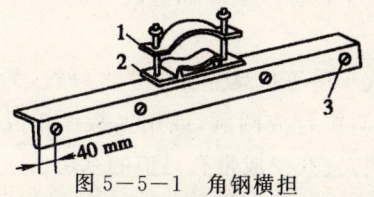

图 5-5-1 角钢横担
1—抱箍 2—弧形垫铁 3—绝缘子安装孔

4. 绝缘子

绝缘子用来悬挂或支持导线,并使带电导线之间以及导线与电杆或其他物件之间相互绝缘。它不仅要承受工作电压、大气过电压的作用,还要承受导线的荷重以及导线断线时的拉力。因此,要求绝缘子具有良好的绝缘性能和足够的强度。低压架空线路常用的绝缘子有针式绝缘子、蝶式绝缘子、悬式绝缘子、拉紧绝缘子和瓷横担绝缘子。

5. 金具

在架空线路的施工中,横担的组装、绝缘子的安装与紧固、导线的架设与拉紧以及电杆拉线的调整等都要使用金具。架空线路常用的金具有以下几种:

(1)连接金具。将绝缘子组装成串,并将其连接在杆塔横担上。

(2)接续金具。用于导、地线的接续及修补等。

(3)横担固定金具。用于横担的固定。

(4)拉线金具。用于拉线连接并承受拉力。

(5)保护金具。用于减轻导、地线的振动以及振动损伤。

6. 拉线

拉线用来平衡电杆,防止电杆因导线的拉力或风力等影响而倾斜。凡受导线拉力不平衡的电杆、受较大风力的电杆或杆上装有电气设备的电杆,均需安装拉线,以使电杆稳固。

(三)低压架空线路的架设

1. 杆位复测

根据线路施工设计图复测杆桩位置与设计资料是否相符,以免桩位因外力碰撞产生位移或丢失而造成失误。

2. 挖坑

无底盘的用汽车吊等机具立杆的水泥杆坑,为了保持土质的原有紧密性,宜用打洞机打成圆洞,或用夹板锹挖成圆洞。用人力和抱杆等工具立杆的,宜开挖成带有马道的基坑。主坑中心线在设计杆位的中心,马道应开挖在立杆的一侧。拉线坑应开挖在标定拉线

第五章 配电线路施工

桩位处,其中心线及深度应符合设计要求。

为了防止拉线不能伸直,影响拉力,在拉线引入一侧应开挖斜槽。为增强线路和电杆稳定性,应对电杆的杆基进行加固。电杆杆基的加固方法和适用范围如下:

(1)一般加固法。先在电杆根部四周填埋一层乱石,厚度为300~400 mm。在石缝中填满泥土,捣实后再覆盖一层 100~200 mm 厚的泥土并夯实,直至与地面齐平。

(2)安装底盘加固法。适用于装有变压器和开关等设备的承重杆,以及跨越杆、转角杆、耐张杆、分支杆和终端杆等,或土质过于松软地点的电杆。底盘多用石板或混凝土预制成方形或圆形,也可在杆坑底部安装石块底盘并浇灌混凝土。

(3)抗侧向风力的卡盘加固法。在野外风力较大的地区,直线杆受到线路两侧的风力会影响平衡,因此,需采用抗风卡盘加固法。

(4)抗导线拉力的卡盘加固法。适用于耐张杆、转角杆、分支杆、跨越杆和终端杆。如果这些电杆立于松软土质中,承受导线单方向拉力过大,安装拉线仍有危险,或无法安装拉线时,则在杆基上应采取抗导线拉力的卡盘加固法。

3. 运杆与排杆

(1)运杆。运杆常用方法有人力抬运、胶轮大车运输以及汽车运输等。

a. 水泥电杆装卸吊杆方式。吊车装卸电杆常用平吊和支吊两种方式。

b. 汽车运输水泥电杆方式。汽车运输水泥电杆有垫木法和背弓法两种,目的均在于减振、护杆。

c. 胶轮大车运输水泥电杆。胶轮大车运输也有垫木法和背弓法两种。

d. 人力抬运水泥电杆。

(2)排杆。杆型一览表见表 5-5-1,其中的杆号分别标于图 5-5-2 中,按要求将水泥杆分别运到对应杆坑处。

表 5-5-1　杆型一览

杆号	N0	N1	N2	N3	N4	N5	N6	N7
杆型	直线改支接	直线跨越	直线跨越	15°转角	直线杆	直线跨越	直线跨越	终端
杆高	8	8	8	8	8	10	10	8

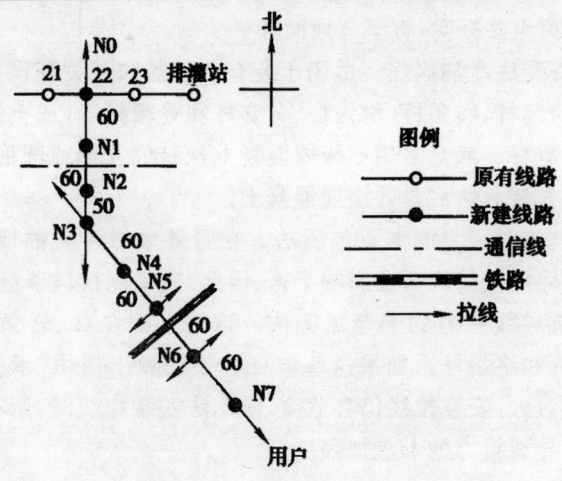

图 5-5-2　线路施工设计图

4. 组杆

为施工方便，一般都先在地面上将电杆顶部全部组装完毕，最后再整体立杆。

各种低压架空线路水泥杆杆顶组装图如下：低压直线杆杆顶组装图（见图 5-5-3）、低压耐张杆杆顶组装图（见图 5-5-4）、低压丁字分支杆杆顶组装图（见图 5-5-5）、低压十字分支杆杆顶组装图（见图 5-6-6）、低压转角杆（15°以下）杆顶组装图（见图 5-5-7）、低压转角杆（15°～30°）杆顶组装图（见图 5-5-8）、低压转角杆（30°～45°）杆顶组装图（见图 5-5-9）、低压转角杆（45°～90°）杆顶组装图（见图 5-5-10）和低压终端杆杆顶组装图（见图 5-5-11），各图中图注 1～13 参见表 5-5-2 中的编号与名称。

第五章 配电线路施工

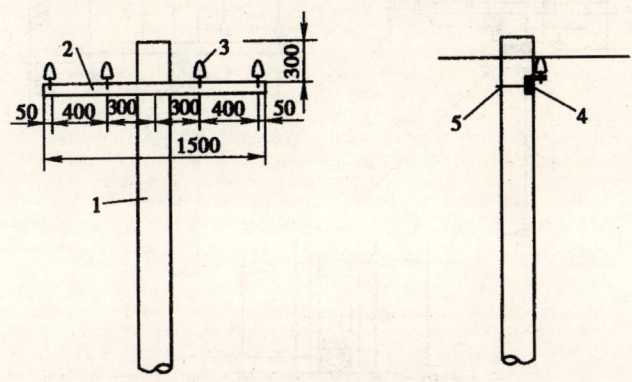

图 5—5—3 低压直线杆杆顶组装图

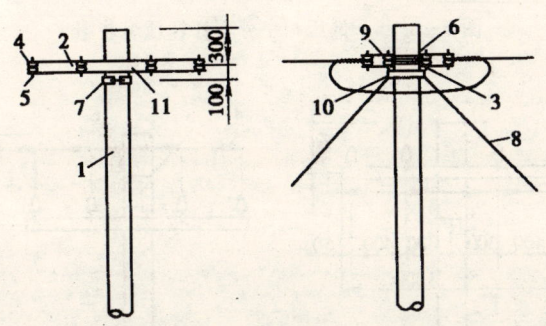

图 5—5—4 低压耐张杆杆顶组装图

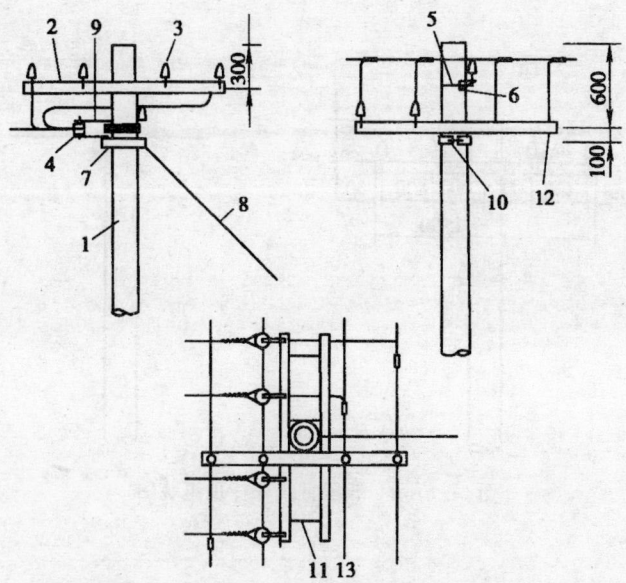

图 5-5-5　低压相字分支杆杆顶组装图

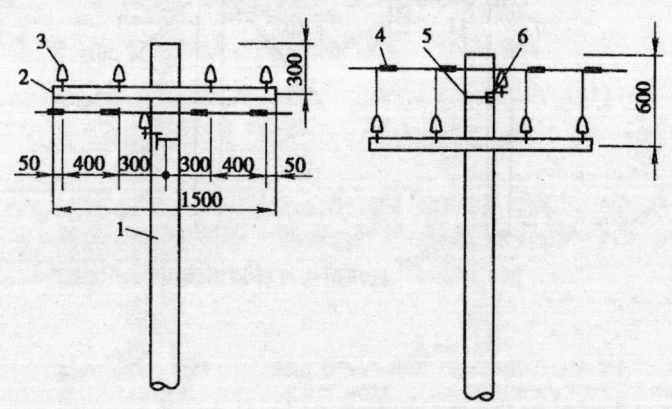

图 5-5-6　低压十字分支杆杆顶组装图

第五章 配电线路施工

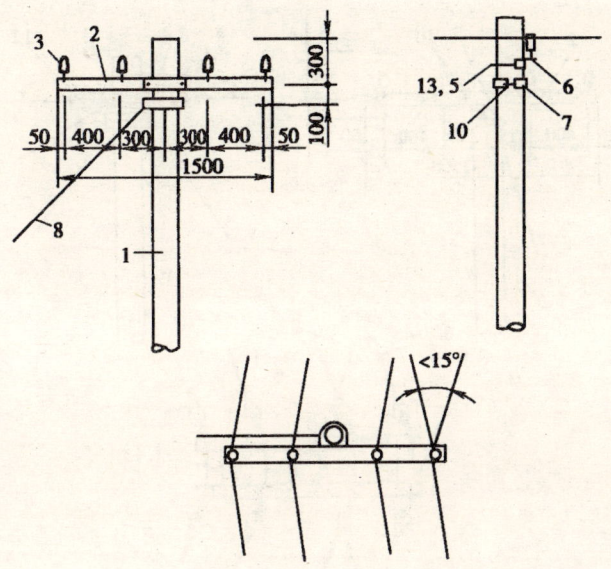

图 5-5-7 低压转角杆(15°以下)杆顶组装图

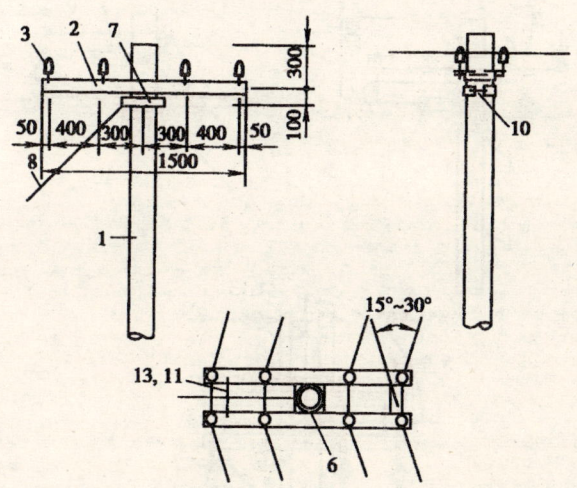

图 5-5-8 低压转角杆(15°~30°)杆顶组装图

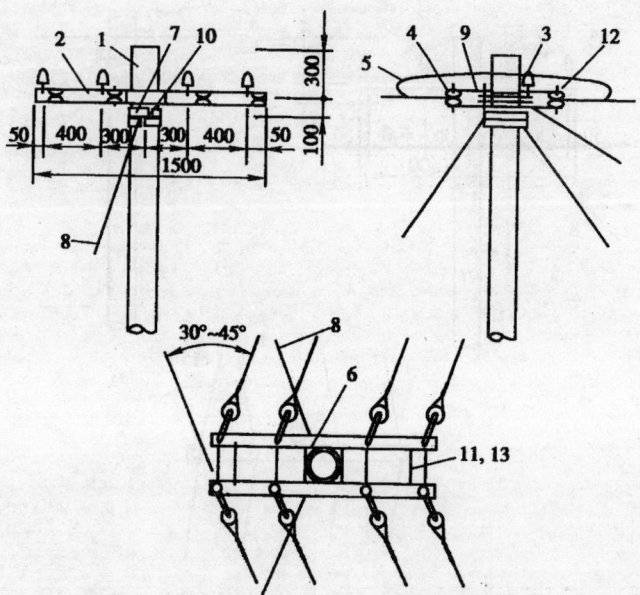

图 5-5-9 低压转角杆(30°～45°)杆顶组装图

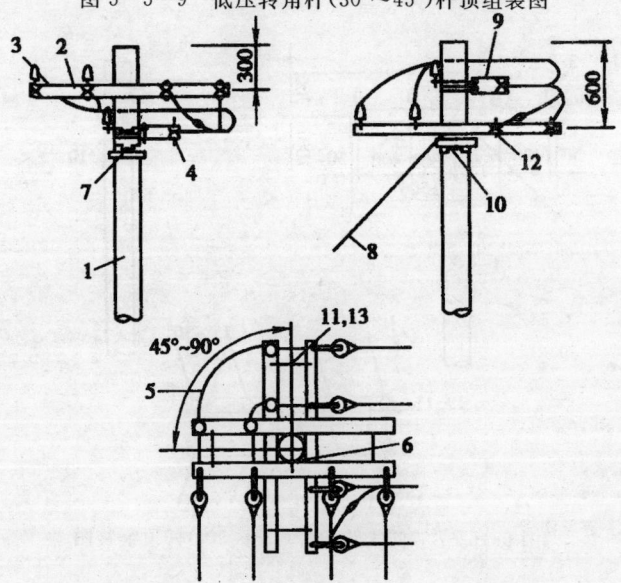

图 5-5-10 低压转角杆(45°～90°)杆顶组装图

第五章 配电线路施工

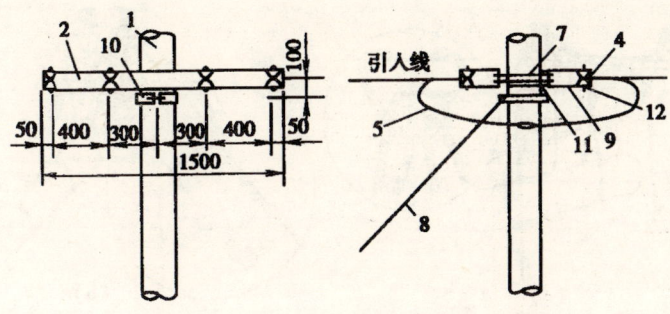

图 5—5—11 低压终端杆杆顶组装图

表 5—5—2 各种低压杆型相顶安装材料汇总表

编号	名称	型号与规格	单位	图4-25	图4-26	图4-27	图4-28	图4-29	图4-30	图4-31	图4-32	图4-33	备注
1	圆水泥杆	规格按需要确定 50mm×5mm×1500mm	根	1		1		1	1		1		大小根据电杆梢径确定
2	低压四线铁横担	(63mm×6mm×1500mm)	根	1	2	3		1	2		4	2	
3	低压针式绝缘子	PD—1M	个	1			6		4		4 8		
4	蝶式绝缘子	ED—1	个	4	8		4	3			4		
5	U形形抱箍	带螺母	个				1						
6	横担抱铁	50mm×5mm	个		1	2	3		1	1	4	2	长度值根据电杆梢径确定
7	拉线抱箍	50mm×5mm	副	1	1	2	2		1	1	4	1	
8	拉线	规格按需要确定	根	1	1	2	2		1	1	4	1	
9	铁拉板	40mm×4mm×	副	1	1	2	2		1	1	4	1	
10	镀锌铁螺栓	250mm	个		2	2			2		4		长度值根据值根据绝缘子尺寸确定
11	镀锌铁螺栓	AM16mm×80mm	个		2	4		4			4		
12	镀锌铁螺栓	AM16mm	个	2	4	8	4	2	6	16	8	4	
13	弹簧垫圈	AM12mm AM16mm	个		16 4	6		2		16 8	16		

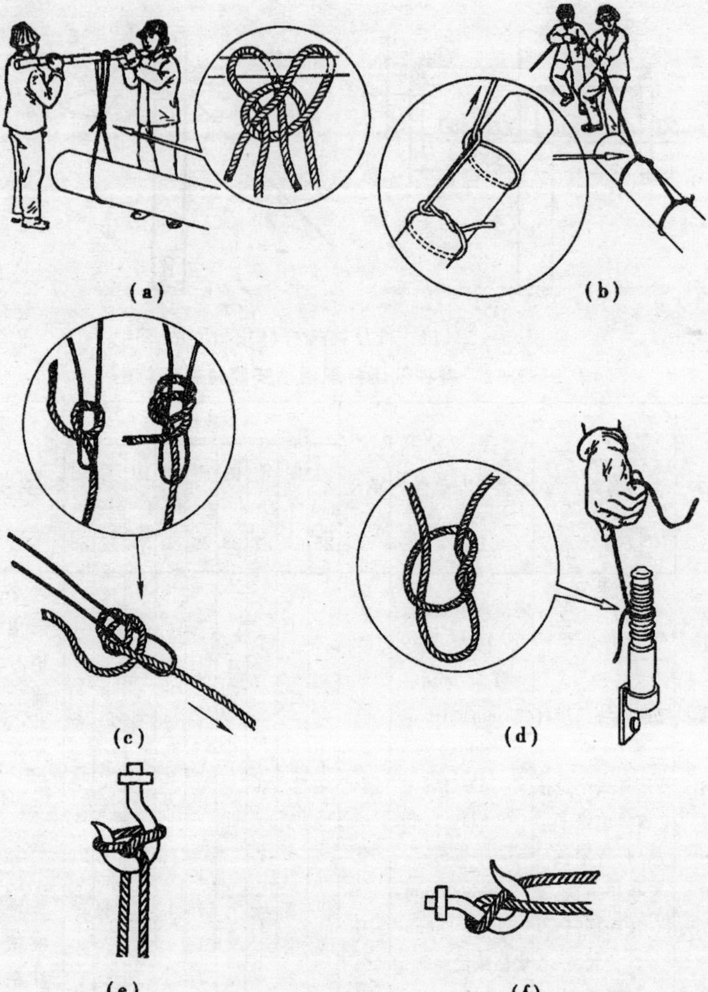

图 5-5-12 电工常用绳结

(a)扛物结 (b)拖物结 (c)拽导线结 (d)吊物结 (e)吊钩吊物结 (f)吊钩牵物结

5. 立杆

立杆时,通常用汽车吊等机具立杆。条件不允许的地方也可用人力和一些专用器具立杆。立杆前,在电杆梢端均匀地装上3道牵

第五章 配电线路施工

绳,以便校直电杆,同时应检查所用工、器具,立杆过程中要严格遵守有关安全规定,并随时检查立杆工具的受力情况。

(1) 几种常用绳结的应用和扣结方法：

a. 扛物结。适用于扛抬工件,扣结方法如图 5—5—12a 所示。

b. 拖物结。适用于拖拉较重的工件,扣结方法如图 5—5—12b 所示。

c. 拽导线结。适用于拽拉各种导线,扣结方法如图 5—5—12c 所示。

d. 吊结。适用于吊起工件或工具,扣结方法如图 5—5—12d 所示。

e. 吊钩吊物结。适用于用起重机或滑轮吊物时的吊钩上,扣结方法如图 5—5—12e 所示。

f. 吊钩牵物结。适用于用滑轮或卷扬机牵拉物体时的吊钩上,扣结方法如图 5—5—12f 所示。

(2) 汽车起重机立杆。立杆前先将汽车起重机的钢丝绳结在电杆底部 1/3～1/2 处,再在距杆顶 500 mm 处结 3 根调整绳。起吊时,坑边两人负责扶电杆底部入坑,3 人拉调整绳,1 人指挥。

(3) 架腿立杆。架腿立杆法如图 5—5—13 所示。

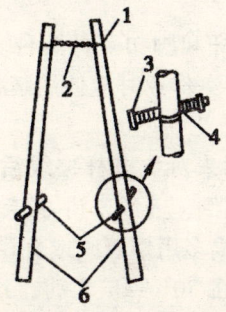

图 5—5—13 架腿的结构

1—钉卡钉 2—铁丝缠成的链子,或用钢丝绳,长约 0.5m
3—螺栓 4—用直径为 4mm 的铁丝缠绕
5—手握部分 6—直径为 80～10mm,长 5～7m 的木杆

(4) 三脚架立杆。三脚架立杆法如图 5—5—14 所示。立杆前,在距杆顶 500 mm 处结 3 根调整绳,用来控制杆身。在电杆 1/2 处结 1 根短起吊钢丝绳,并套在滑轮吊钩上。然后起吊,至电杆离地 500 mm 时停止,对绳扣等做一次检查。无问题后继续起吊,将电杆

竖起落于坑内后,调整杆身,并将坑内填土夯实。

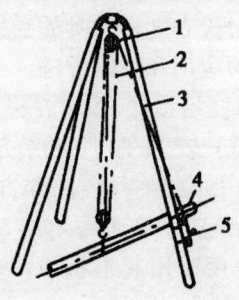

图 5—5—14 三脚架立杆法

1—滑轮 2—钢丝绳 3—三角架 4—电杆 5—手摇卷扬机

电杆竖起后,调整电杆的中心与线路中心的偏差不超过 50 mm。直线杆的轴线应与地面垂直倾斜度不得大于电杆梢径的 1/4。调好后,向杆坑回填土,每回填 300 mm 厚夯实一次,最后夯实后应高于地面 300mm,以备沉降。

6. 登杆

登杆方法分踏板登杆和脚扣登杆两种。短时高空作业时适于用脚扣登高,较长时间高空作业时应使用踏板登高。

7. 架线

(1)拉线。拉线是用来对抗电杆架线后会出现受力不均现象,并抵抗风力,防止电杆倾倒。一般来讲,终端杆、转角杆、分支杆、耐张杆等都要装拉线。拉线多用钢绞线或直径为 4 mm 的镀锌铁线。

拉线与电杆的夹角在 30°～45°之间。拉线坑深和固定拉线下把所用的地横木尺寸根据拉力的大小确定,一般情况下,坑深为 1.2～1.5 m 时,地横木长 1.2 m,直径 150 mm 左右。对于 45°无拉紧绝缘子的拉线,长度口可按拉线在电杆上固定点距地面高度的 1.4 倍计算,另外加上"上把"和"下把"缠绕的长度。如果拉线角度小于或大于 45°时,则拉线长度按 45°的计算值适当减小或增大。

(2)放线。放线时,要一条一条地放,避免导线磨损、断股或产生死弯。如出现磨伤、断股,应及时做出标志。放线时根据导线的多少,可分别采用手放、线轴架或放线车放线。手放时,需正放几

第五章 配电线路施工

圈,反放几圈,防止导线产生死弯。最好在电杆上或横担上挂铝制或木制的开口滑轮,把导线放在轮槽内,既省力又减少导线磨损。

(3)紧线。紧线前先将耐张杆、转角杆和终端杆的拉线做好,然后分段紧线。根据导线截面的大小和耐张杆的长短,可选用人力紧线、紧线器紧线、绞磨紧线或汽车紧线等方法。

为防止横担扭转,可同时紧两根边线,或者四根线同时紧。紧线时,要根据当时的气温确定导线的弧垂值。具体方法是:在耐张段内选择一个标准档距,在该档距的两端电杆上,按要求的弧垂值各绑1根弛度尺,当导线紧到观察档导线最低点和两块横板这三点成一条直线时,弛度就可以了。

紧线时应注意:1)紧线前,应检查导线是否都放在铝滑轮车中,小段紧线亦可将导线放在针式绝缘子顶部的沟槽内。2)紧新铝导线时,要比规定值平均多紧 $15\% \sim 20\%$,以便在导线受拉后发生初伸长时仍能保证弧垂合适。3)紧线时,应做到每基电杆都有人监视,以便及时松动导线,使导线接触点顺利越过滑轮车或绝缘子。

(4)绝缘子的绑扎。见第三章第一节。

(5)导线的连接。常用的接线方法大致有以下3种:

a. 钳压法。先将要连接的两根导线的端头穿入铝压接管中,利用压钳使铝管变形,把导线挤住。导线压接顺序如图5—5—15所示。

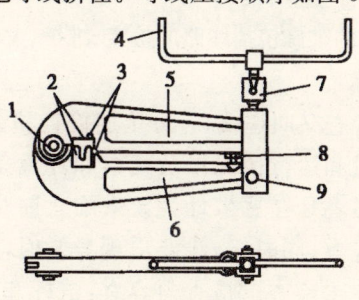

图 5—5—15 压钳
1,9—绞链 2—压模 3—螺钉 4—手柄
5,6—压钳体 7—卡具 8—止动螺钉

b. 插接法。多股铜导线的连接多用此法。先拧开两根导线头,把它们交叉在一起,再用绑线在中间缠绕 50 mm,然后用导线本

身的单股线或双股线向两端逐步缠绕;绕完一股后,将余下的线尾压在下面,再用另一股缠绕,直至缠完为止。

c. 绑接法。对于单股导线以及较小型号导线的弓子线连接,可采用此法(临时供电线路中的铜导线或铝绞线也可使用此法),如图5-5-16所示为导线的绑接法。

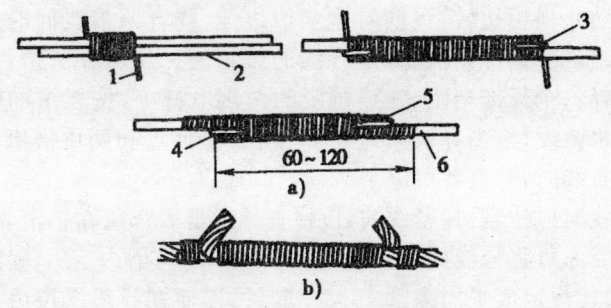

图5-5-16 导线的绑接法
a)单股导线 b)多股导线
1—绑线 2—辅助线 3,4—主线的多余部分弯起
5—用绑线在辅助线和一根主线上缠5~6圈
6—用绑线在辅助线上缠3~4圈后收结

(四)低压架空线路的维修

低压架空线路的维修包括线路的检查、维护、大修与抢修等内容。

1. 线路的检查

架空线路的检查又叫巡线,有分定期检查和突击检查两种。前者是根据线路质量和运行情况以及气候和环境条件的变化所做的周期性的检查。后者是在恶劣性气候来临之前对线路的薄弱环节或全线所进行的检查;同时,当线路出现异常时,如雨天对地放电,就要在雨天进行突击检查。检查内容有:电杆和横担是否倾斜、杆基是否松动、木杆根部是否严重腐烂、导线是否脱离绝缘子、绝缘子是否完整、导线弧垂是否正常、拉线是否松动等。

2. 线路的维护

(1)用绝缘棒清除导线上的杂物,注意不要碰线,以免造成短路。

第五章 配电线路施工

(2) 紧固线路构件,如紧固杆上的抱箍、横担和绝缘子上的螺母,收紧拉线等。

(3) 更换损坏的绝缘子。

(4) 清除绝缘子上的赃物。

(5) 校正倾斜的电杆和横担。

3. 线路的大修

根据线路质量和运行情况,分段、分期进行大修,内容包括更换电杆、拉线、绝缘子、横担和导线等。大修一般在节假日进行,以减少影响。在农村,大修宜在农闲期间进行。

4. 线路的抢修

为了及时排除故障,防止事故扩大,需进行抢修。如导线断裂、瓷横担断裂、角钢横担离开或离位(下滑)、电杆倒塌等故障通常需要抢修。

第六节 电缆线路的布线

电力系统中,有电力电缆和控制电缆两种线路,电力电缆应用较多。电力电缆同架空线路一样,电力电缆也是用于输送和分配电能的。在城镇居民密集的地方,在高层建筑内以及工厂厂区内部,或者其他一些场所,考虑到安全和美观方面的问题或受地面限制不宜甚至不准架设架空线路时,就需要使用电力电缆。

与架空线路相比,电力电缆线路有许多优点:

1. 供电可靠。电力电缆不受外界影响,不会因雷击、刮风、挂冰、风筝和鸟害等造成断线、短路和接地等故障。受到机械损害的机会也相对较少。

2. 不占地面和空间。一般的电力电缆都敷设在地下,因此不受路面建筑的影响,极为适合城市与工厂使用。

3. 安全性高。因为是地下敷设,所以有利于人身安全。同时使市容整齐、美观,交通方便。

4. 不使用电杆,节约木材、钢材、水泥。

5. 运行和维护简单。

正是由于电力电缆有以上优点,因此其应用越来越广泛。但电力电缆也有其不可避免的缺点,如价格较高,线路分支难,故障点较难发现,不便及时处理事故,电缆接头工艺较复杂等。

(一) 电缆的敷设方式

1. 电缆敷设的一般要求

(1) 敷设电缆前应进行下列检查:支架是否齐全、涂料是否完整;电缆型号、电压、规格是否符合设计要求;电缆绝缘是否良好;油浸纸电缆的密封是否完好;直埋电缆与水底电缆应经直流是否符合耐压试验。

(2) 敷设电缆时不应破坏隧道的防水层和电缆沟。

(3) 三相四线制系统中,电力电缆不能使用三芯电缆另加一根单芯电缆或导线、电缆金属护套作为中性线的方式。三相系统中,不得将三芯电缆中的一芯接地。

(4) 并联运行的电力电缆,长度应相等。

(5) 敷设电缆时,在电缆终端头与电缆接头附近应适当留有备用长度,直埋电缆还应在全长上留少许余量,并做波浪形敷设。

(6) 当设计无规定时,电缆各支持点间的距离不应大于表 5—6—1 中所列数值。

表 5—6—1 电缆各支持点间的距离　　　　　　　　m

电缆种类	敷设方式	支架上敷设(注)		钢索上悬吊敷设	
		水平	垂直	水平	垂直
电力电缆	充油电缆、橡塑及其他油浸纸电缆	1.5 1.0	2.0 2.0	— 0.75	— 1.5
控制电缆		0.8	1.0	0.6	0.75

(7) 油浸纸绝缘电力电缆最大允许敷设位差见表 5—6—2,电缆最高点与最低点之间的最大位差不应超过表中的规定值。无法满足时,应在电缆中间设置塞止式接头,或采用适合于高位差的电缆。

第五章 配电线路施工

表 5-6-2 油浸纸绝缘电力电缆最大允许敷设位差

电压等级(kV)		电缆护层结构	铅套(m)	铝套(m)
黏性油浸纸绝缘电力电缆	1~3	无铠装	20	25
		有铠装	25	25
	6~10	无铠装或有铠装	15	20
	20~36	无铠装或有铠装	5	—
充油电缆			按产品规定	—

(8)敷设电缆时,应避免电缆在支架上及地面摩擦、拖拉。电缆上不得有未消除的机械损伤。

(9)油浸纸绝缘电力电缆在切断后,端头应即刻铅封。

(10)敷设电缆时不宜交叉,电缆排列应整齐、固定,并及时装设标志牌。

(11)直埋电缆沿线及其接头处应有显著的方位标志或牢固的标桩。

(12)沿电气化铁路或在有电气化铁路通过的桥梁上明敷电缆的金属护套(包括电缆金属管道)时,应沿其全长与金属支架或桥梁的金属构件进行绝缘。

(13)电缆进入电缆沟、竖井、隧道、盘(柜)、建筑物以及穿入管子时,出入口和管口应密封。

2.电缆敷设方式

电缆敷设的常用方式基本上可分直埋、隧道、沟槽、排管、穿管及悬挂等方式。各种敷设方式都有其优、缺点,究竟采用哪一种方式,应根据电缆数量及电缆路线周围的环境条件来决定。

3.直埋电缆的敷设

操作流程:路径复测—材料准备—放样划线—挖沟—敷设电缆—填沟—埋设标志桩。

直埋敷设电缆简单、经济,而且泥土散热好,因此应用广泛。电缆的敷设一般包括两个阶段:即准备阶段和施工阶段。

准备阶段的工作包括:路径复测,检查敷设电缆及其所需的各种材料及工、器具是否合格、齐全,决定电缆中间接头位置,将电缆安全运送到敷设现场等。

施工阶段包括:

(1)放样划线。根据设计图样和复测记录决定敷设电缆线路的走向,并划线。在市区内,可用石灰粉和绳子在地上标明电缆沟的位置和电缆沟的开挖宽度;在农村,则可用标桩钉在地上,标明电缆沟的位置。电缆沟的宽度应根据人体宽度和电缆条数以及电缆间距而定。一般在敷设一条电缆时,开挖宽度为 0.5 m,同沟敷设两条电缆时,为 0.6 m 左右。如果是在在山坡地带,电缆沟应挖成振幅为 1.5M 的蛇形曲线,以减缓电缆的敷设坡度。

(2)敷设过路保护管。用不开挖路面的顶管法或开挖路面的施工方法,将钢管敷设在地下。

(3)挖沟。应垂直开挖,挖出的泥土堆在沟的两旁。开挖深度 $\geqslant 0.85$ m。土质松软处,沟壁上应加装护板,以防电缆沟倒塌。验收合格后,在沟底铺上 100 mm 厚的砂层。

(4)敷设电缆。可用机械牵引法。步骤是:先沿沟底每隔 2～2.5 m 放一个滚轮,将电缆放在滚轮上,避免牵引时电缆与地面摩擦,然后机械、人工两者兼用牵引电缆。

(5)填沟。将电缆放在沟底,合格后,上面覆以 100 mm 的软土(砂层),盖上水泥保护盖板,回填土。

(6)埋设电缆标志桩。

(7)除必须遵守一般要求的有关规定外,直埋电缆的敷设还应符合下述规定:

a. 一般应使用铠装电缆,只有在修理电缆时才允许使用短段无铠装电缆,但必须外加机械保护;直埋电缆周围的泥土不应含有如烈性的酸碱溶液、石灰、炉渣、腐植物质及有机物渣滓等腐蚀电缆金属包皮的物质;注意虫害及严重阳极区。

b. 直埋电缆的埋置深度(由地面至电缆外皮)为 0.7 m;电缆外

第五章　配电线路施工

皮至地下建筑物的基础距离为 0.6 m（也可按当地城市建设部门的规定，但不得小于 0.3 m）。

c. 电缆相互水平的最小净距。控制电缆不做规定；10 kV 及以下电力电缆相互间，或与控制电缆间最小净距为 0.1 m，10 kV 及以上最小净距为 0.25 m；不同部门使用的电缆相互间最小净距为 0.5 m。电缆若用隔板隔开可为 0.1 m，若穿入管中则不做规定。

d. 电缆相互交叉时最小净距为 0.5 m。电缆在交叉点前、后 1 m 范围内，如用隔板隔开则可降低为 0.25 m，穿入管中则不做规定。

e. 电缆与热力管道接近时净距为 2 m；与热力管道交叉时净距为 0.5 m；与其他管道接近或交叉时净距为 0.5 m；前两项中的热力管道应视现场情况采取必要措施，使埋置电缆处土壤的温升在任何时间内不得高于 10℃；后一项如有保护措施时，则净距不做规定。电缆不得平行敷设在管道的上面或下面。

f. 电缆与树木主干的距离一般 ≥ 0.7 m。

g. 电缆与城市街道、公路或铁路交叉时，应敷设于隧道或管中内，管的内径至少为电缆外径的 1.5 倍，且 ≥ 100 mm。管顶距路轨或公路路面的深度 ≥ 1 m，距排水沟底 ≥ 0.5 m，距城市街道路面的深度 ≥ 0.7 m；除跨越公路或轨道宽度外，管长一般还应在两端各伸出 2 m。城市街道中，管长应伸出车道路面。电缆与直流电气化铁路交叉时，须采取相应的防蚀措施。

h. 电缆沿铁路敷设时，与普通铁路路轨的最小允许距离为 3 m；与直流电气化铁路路轨间不做规定，但须有防蚀措施。

i. 电缆铅包对大地电位差不宜大于 +1V，并应符合当地预防电蚀管理办法的规定。

j. 从铠装电缆铅包流入土壤内的杂散电流密度应 ≤ 1.5μA/cm2。

k. 电缆沟底土层不应有石块或其他硬质杂物，否则应铺以 100 mm 厚的软土（砂层），电缆敷设好后，上面应铺以 100 mm 厚的软土（砂层），并盖上混凝土保护板，覆盖宽度应超过电缆直径两侧各 50

mm。条件不允许时也可用砖代替混凝土保护板。

l. 自土沟引进隧道、人井及建筑物时,直埋电缆应穿在管中,并在管口加堵,防止漏水。

m. 电缆引出地面时,地上 2m 内应用金属管或罩加以保护,其根部应伸入地下 0.1 m。在发电厂、变电所内的铠装电缆,如无机械损伤的可能,可不加保护。

n. 并列敷设在地下的电缆,中间接头盒的位置须相互错开,且净距应≥0.5 m。

o. 电缆(塑料电缆除外)中间接头盒外面应有保护盒,以防止机械损伤。

p. 敷设在郊区及空旷地带的电缆线路,应设置电缆位置标志。

q. 铠装、铅包、铝包电缆的金属外皮两端必须接地,且接地电阻应≤10Ω。

r. 电缆埋好后应测绘成走向详图存档。

(二)电缆终端头和中间接头的制作工艺

电缆线路敷设安装好后,其两端必须与电气设备或输配电线连接。通常,电缆线路两端接头装置被称为终端头,而把电缆线路中间电缆与电缆相连接的装置称为中间接头。电缆终端头与中间接头的安装既要保证良好的导电性能,又要并保证良好的绝缘性能和密封性能。

1. 1 kV 电缆终端头的制作工艺

(1)1kV 及以下油浸纸绝缘电缆户内、户外环氧树脂终端头制作工艺。

a. 按户内、户外做头位置量好电缆长度,确定做头尺寸,将绑线绑好,锯掉多余电缆,剥去保护层和铠装。

b. 将铅包擦净,地线封好。进行破铅时,在破铅口处留 20 mm 长的绕包纸,余者剥掉。分开线芯,包上临时保护包布,并严密包扎三叉口(如为预制壳体应先套上去)。

c. 按管深加 5 mm 长度切除线芯纸绝缘,将油污擦净,把导体绑扎紧密,套上压接管,进行压接。

第五章 配电线路施工

d. 将接管及铅包口处 30 mm 长的一段打成均匀的麻面,清除碎金属屑。

e. 固定好线芯,用环氧树脂涂料和白无碱玻璃丝带进行涂包(统包处及线芯均涂包 5 层),随后加热固化。

f. 装好壳体和模具,将调拌好的环氧树脂浇注剂倒入,使其固化。固化后拆去模具,修整光滑,检查、测试合格后便可投入运行。

(2)1 kV 及以下油浸纸绝缘电缆户内、户外热缩头制作工艺。

a. 量好尺寸,将绑线绑好,剥去保护层和铠装,将地线封焊,铅包擦净。

b. 破铅,将线芯分开,并将铅包口 50 mm 一段打成均匀麻面,清除碎金属屑,包绕充填胶,套上分支热缩手套,由中间向两端加热收缩。

c. 按端子头管深加 5mm 长度,切除线芯绝缘,将油污擦净,穿上引线压接管或端子头,进行压接(最好围压)。

d. 穿上密封管,均匀加热收缩。检查、测试合格后便可投入运行。户内(外)热缩头示意图如图 5—6—1。

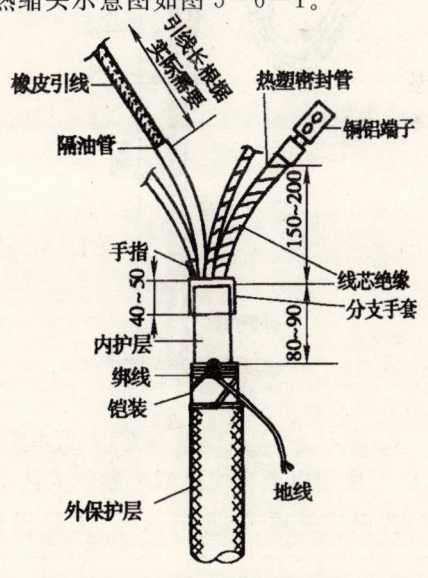

图 5—6—1　户内(外)热缩头示意图

(3)1 kV 及以下橡塑电缆户外终端头制作工艺

a. 根据安装位置确定长度(包括引线),固定好电缆,绑好第一道绑线,去除保护层。

b. 量好尺寸,绑好第二道绑线。用锯条把钢铠打成麻面,在镀锡后焊接地线。

c. 套上分支热缩手套,加热收缩。

d. 量好引线,去除多余线芯,按规定长度剥切绝缘。测试合格后连接引线。

e. 户外终端头引线防水环剥切尺寸如图 5-6-2 所示。当电缆截面积为 16～95 mm² 时,防水环长度为 30 mm;电缆截面积为 120～240 mm² 时,防水环长度为 50 mm。

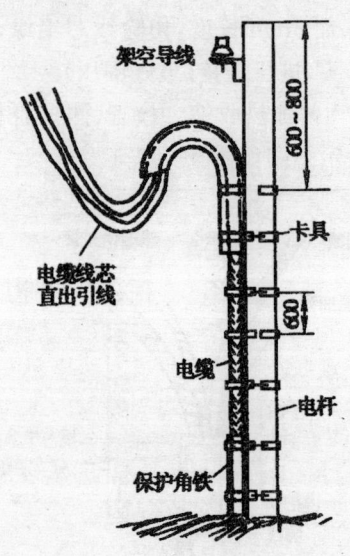

图 5-6-2 户外终端头引线防水环剥切尺寸

(4)1kV 及以下橡塑电缆户内终端头制作工艺。

a. 按接头位置固定好电缆,量好尺寸,去除保护层,将绑线扎好,锯掉钢铠。

b. 把钢铠用锯条打成麻面,镀锡,焊接地线。内护层保留 60 mm 一段,剥掉余下部分。

c. 将线芯分开,剥去填料,用充填胶包好,套上分支手套进行热收缩。

d. 将引线量好,线芯锯齐,按管深加 5 mm 长度剥去线芯绝缘,将油污清除干净。

e. 穿好端子头,进行压接。将裸露导体用自黏带包平,然后按相别将线芯包一层相色带,测试合格后可使用,如图 5-6-3 为橡塑电缆户内终端头组装示意图。

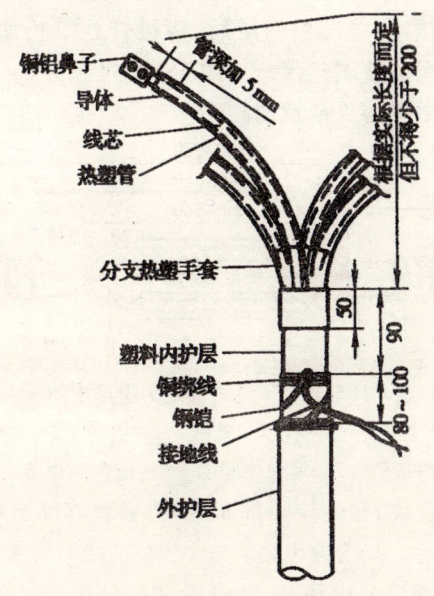

图 5-6-3　橡塑电缆户内终端头组装示意图

2. 1 kV 电缆中间接头的制作工艺

(1) 1 kV 及以下纸绝缘电力电缆中间接头的制作工艺。

a. 将电缆接头坑修整好,接头基础板铺好,中心确定好,电缆放平调直,将 1 000 mm 长的一段电缆垫高 200mm。在接头中心处,电缆需搭接 200 mm,锯掉剩余部分。

b. 量好尺寸,绑好绑线,剥掉外保护层,锯掉钢铠,在电缆接头处铺好塑料布。

c. 将铅包擦净,用塑料布将一端电缆包好,先套上铅套管,并在外面临时包扎,避免进入杂物。

d. 量好尺寸,进行破铅。铅包口处留 20 mm 一段统包纸,去掉余下的统包纸和填料。将线芯分开,并包上临时保护包布。

e. 将分支支架绑好,调整工作间隙(弯好角度),锯齐线芯,按接管长的一半加 5 mm 的长度去除线芯绝缘。穿好接线管,对实后压接。将接管修整光滑整洁,拆除支架及临时包布,进行包绕绝缘。先包平接管两端,全线芯包两层后,将接管处管长加 120 mm 一段包 6 层浸油黑无碱玻璃丝带。如图 5-6-4 所示为 1 kV 及以下纸绝缘电力电缆中间接头示意图。

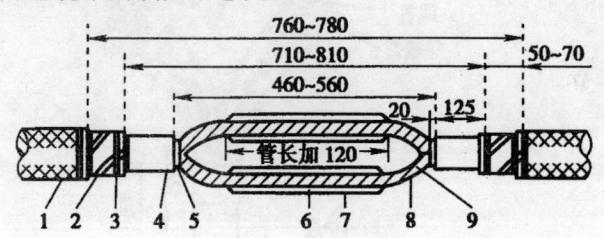

图 5-6-4 1kV 以及下纸绝缘电力电缆中间接头示意图
1—麻被 2—钢铠 3—扎线 4—铅包 5—统包纸
6—对接管 7—增包绝缘层 8—增包绝缘层 9—线芯绝缘

f. 将三芯合拢,包一层浸油布带,将铅套管移至中心,敲成椭圆形紧固在铅包上。取出沟内塑料布,并在清除氧化膜后进行铅封。

g. 分次加灌 2 号电缆胶,加满后进行封孔。

h. 用锯条将钢铠两端打成麻面并镀锡,然后用截面积为 25 mm2 的铜线把两端钢铠和铅包及铅套管封焊在一起。

i. 对接头处进行防腐处理。涂包沥青纸两层,组装保护盒后可投入使用。

(2) 1 kV 及以下橡塑电缆中间接头的制作工艺

a. 修整电缆接头坑。电缆调直摆正,将长 1 000 mm 的一段电

第五章 配电线路施工

缆大约垫高 200 mm，找准中心，量好尺寸，剥去外保护层，并将绑线扎好，钢铠锯掉，如图 5-6-5 所示为橡塑电缆中间接头示意图。

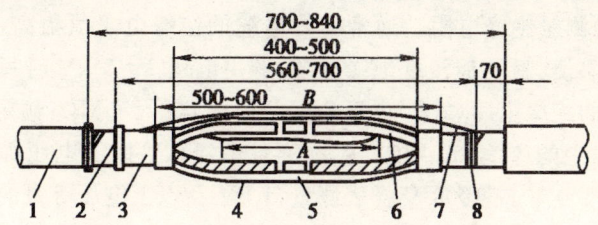

图 5-6-5 橡塑电缆中间接头示意图
1—外护层 2—钢铠 3—塑料内护层 4—增包绝缘
5—对接管 6—线芯绝缘 7—接地线 8—扎线
A—接管长 240mm 包 6～8 层自黏带 B—接管长加 5mm

b. 擦净电缆一端外护层，把热缩套密封管套入电缆的一端。内护层保留 60mm，剥除余下部分。将线芯分开，切去填料，并将分芯支架绑好，电缆线芯工作间隙固定，尺寸无误后，锯去多余线芯。

c. 按接管长的一半加 5mm 的长度剥去线芯的末端绝缘。将油污擦净，导体绑扎严密，并穿上压接管，对实后压接（先压两端，后压中间）。

d. 修整光滑压接管，拆掉分芯支架，用干净的布把线芯及接管擦拭干净。

e. 用自黏绝缘带将接管两端导体包平后，进行包绕接管及线芯绝缘，接管两端各加 60 mm 长度处的一段包 8 层，其他线芯处包 8 层。

f. 将线芯合拢，用自黏绝缘带包绕两层，把热缩护套管移至中心，由中间向两端加热收缩（管的两端需涂密封胶）。

g. 用铜绞线将钢铠两端焊接连在一起，将地线和接头外部一起再包绕 3 层塑料带，装上保护盒后即可投入食用，如图 5-6-6 所示为 1 kV 及以下中间接头保护盒装置图。

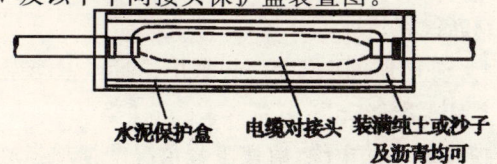

图 5-6-6 1kV 及以下中间接头保护盒装置图

3. 电力电缆试验

电力电缆线路在投入运行前需要进行一系列试验。

(1) 测量绝缘电阻。通常良好电缆的绝缘电阻值很高，其最低绝缘电阻值：新的油浸纸绝缘电缆，额定电压 1~3 kV 时每一线芯对外皮的绝缘电阻（20℃时每公里的数值）应≥50MΩ；额定电压 6 kV 及以上的应≥100 MΩ。实际测量中，1 kV 以下电压等级的电缆可用 500 V 或 1000 V 摇表测量，1 kV 及以上电压等级的电缆应使用 1500V 或 2500V 兆欧表测量。

在电缆线路投入使用后，每隔 1~2 年应对绝缘电阻进行一次测试。

(2) 直流耐压和泄漏电流测量。目前可采用 JGS，KGF 等型号的晶闸管整流器获得高压直流电源，通电时间应为 10 min，不同型号电缆加的直流电压值各不相同，实际测量中应根据电缆实际情况分别对待。

(三) 电缆线路的巡视与维修

1. 巡视

通过对电缆敷设环境条件的巡视、检查、分析，可及早发现电缆某些缺陷以及其他影响安全运行的问题。因此，加强巡视检查对电缆安全运行有着十分重要的意义。

(1) 电缆线路及电缆线段的巡查周期为：

a. 敷设在土中、隧道中或沿桥梁架设的电缆，至少每 3 个月 1 次。同时，宜根据季节及工程特点适当增加巡查次数。

b. 电缆竖井内的电缆至少每半年 1 次。

c. 水底电缆线路，可根据具体需要规定：比如，水底电缆直接敷设在河床上，可每年对水底线路情况检查一次。若潜水条件允许，应派遣潜水员检查电缆情况；若潜水条件不允许，可通过测量河床的变化来判断线路情况。

d. 发电厂、变电所的电缆沟、电缆井、隧道、电缆架及电缆线段等至少每 3 个月 1 次巡查。

e. 对于挖掘暴露的电缆，应按工程情况酌情加强巡视。

第五章 配电线路施工

f. 对于电缆终端头,可根据现场运行情况每1～3年停电检查1次。对于环境较差的地区的电缆终端头的巡视与清扫期限可根据当地的污染程度来决定。

(2)巡查注意事项

a. 对敷设在地下的电缆线路,应查看路面是否正常,有无挖掘痕迹,路线标桩是否完整等。

b. 电缆线路上不应堆置矿渣、瓦砾、笨重物件、建筑材料、酸碱性排泄物、腐蚀性物质或砌堆石灰坑等。

c. 通过桥梁的电缆,检查桥墩两端电缆拖拉是否过紧,保护管或槽是否有脱开或锈蚀等现象。

d. 检查备用排管其有无断裂现象。

e. 人井内电缆铅包在挂钩及排管口处不应有磨损,需检查衬铅是否失落。

f. 户外与架空线连接的电缆和终端头应检查其是否完整,引出线的接点是否有发热现象,电缆铅包是否有龟裂、漏油,靠近地面一段电缆是否有碰撞等。

g. 多根并列电缆需检查电流分配和电缆外皮的温度是否合适,防止因接点不良而引起电缆过负荷或接点烧坏。

h. 隧道内的电缆需检查其位置是否正常,接头是否有变形、漏油,温度是否有异常,构件有无失落,通风、排水和照明等设施是否完好。

i. 经常检查临近河岸的水底电缆有无被潮水冲刷现象,电缆盖板是否移位或露出水面。并注意河岸两端警告牌是否完好。

j. 查看电缆是否过负荷。电缆原则上不允许过负荷。

k. 要特别检查敷设在房屋内、隧道内和不填土的电缆沟内的电缆的防火设施是否完善。

2. 维修

对于检查出来的缺陷、运行中发生的故障以及在试验中发现的问题,都要采取措施予以及时消除。一般维修项目如下:

(1)挖掘时必须有电缆专业人员在现场守护,并告知施工人员

有关施工的注意事项,以防在电缆线路上挖掘损伤电缆。特别在揭开电缆保护板后,应使用较钝的工具将表面土层轻轻挖去,而不应再用镐、铁棒等工具。用铲车挖土时更应多加注意,以防损伤电缆。

(2)户外电缆及终端头,要定期清扫电缆沟、终端头及瓷套管,检查电缆情况;检查终端头内有无水分并及时添加绝缘剂;检查终端头引出线是否接触良好,接触不良者应及时处理;在支架及电缆夹上涂漆;测量电缆绝缘电阻;检查接地电阻;修理电缆保护管;对电缆钢甲涂防腐漆。

(3)隧道及电缆沟,应抽除积水,清除污泥;在电缆支架挂钩上涂漆;检查电缆及接头情况,尤其要检查接头是否有漏油现象,接地是否良好。

(4)防止电缆腐蚀。当电缆线路上的局部土壤含有损害电缆铅包的化学成分时,应将该段电缆装于管子内,并在电缆上涂上沥青等,同时用中性土壤作为衬垫及覆盖;当发现土壤中有腐蚀电缆铅包的溶液时,应立即调查附近的排污情况,并及时采取相应措施;对电缆线路上的土壤做化学分析,以确定电缆的化学腐蚀,并记录腐蚀物及土壤等的化学分析资料。

(5)电缆线路发生故障后,必须立即修理,以免水分大量侵入,扩大损坏。主要包括:故障测寻、故障检查、原因分析、故障修理以及修理后的试验等。故障消除务必彻底,电缆受潮气侵入的部分要割除,绝缘剂有炭化现象时应全部更换,以免故障重发。

习题

1. 配电线路的组成有哪几部分?
2. 简述登杆的两种方法。
3. 什么是架空接户线?
4. 低压架空线路的架设分哪几步?
5. 电缆线路有哪些特点?

第六章 用电常识

第六章 用电常识

> 本章学习目标
> 1. 了解和掌握电工基本操作技能
> 2. 了解安全用电常识

电愈来愈成为人们生活与工作中不可缺少的一部分。只有掌握了电工的基本操作技能和安全用电常识,才能更好地对电与电器进行控制,并能有效避免触电,即使遇到触电的情况也不至于束手无策。本章将对安全用电的一些常识进行阐述。

第一节 电工基本操作技能

一、导线的封端

对于单股或多股铜芯线及单股铝芯线进行焊接或压接接线端子的方法被称做导线的封端。

（一）铜导线的封端

铜导线封端通常会采用锡焊法或压接法两种方式。

1. 锡焊法。采用锡焊法进行对铜导线封端包括以下几个步骤：首先,应将接线端子与线头上的污物和氧化物去除,并在清理后的接线端子和先头上涂抹无酸焊剂；其次,将适量的焊锡放入接线端子的孔内,然后对其进行加热,直至焊锡熔化；第三,把线头放进接线端子的线孔,然后把熔化的焊锡轻轻灌入线头和接线端子孔内的所有空间；最后,停止加热,待其冷却以后,即完成了线头与接线端子的联接。

2. 压接法。采用压接法进行对铜导线封端包括以下两个步骤：首先,须将线头表面和压接管中的污物和氧化物清理干净；然后,使两线保持相对穿入压接管内,用压线钳对其进行压接即可。

(二)铝导线的封端

铝导线的封端先应确保接线端子与线头的清洁,然后在两者的接触面上涂抹中性凡士林,最后将线头放入接线端子的线孔中,压接钳进行压接。

二、电气设备固定件的埋设

(一)穿墙孔的錾打

供电配线过程中,当导线穿越墙壁时,须先錾打穿墙孔,然后才能穿线。在穿墙孔中还需安装穿墙套管,如硬塑料管、瓷管、钢管等。

錾子的选择应按照穿墙套管的管径大小来确定,若是在砖墙上打墙孔,还应采用无缝钢管制成的錾子,按照如图6-1-1(a)所示的方法进行錾打;若是在水泥墙上打墙孔,则须选用以中碳圆钢制成的錾子按如图6-1-1(b)所示方法打孔。

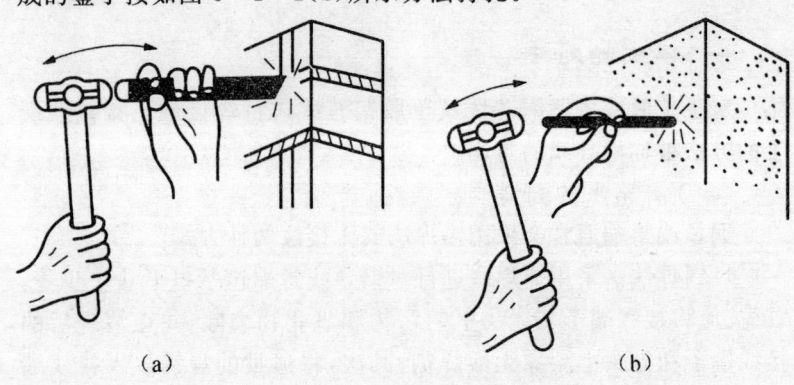

图6-1-1 墙孔的錾打方法
(a)砖墙孔的錾打 (b)水泥墙孔的錾打

在錾打穿墙孔的同时,还应确保穿墙孔的平直,使其与两侧线路保持在同一水平的位置上;户外的一侧应比户内略低,这样可以防止雨水倒流进屋内;当穿墙套管埋入穿墙孔以后,还须用水泥对其进行浇封,以确保其位置的固定。

第六章 用电常识

(二)穿墙保护管的安装

穿墙保护管的安装通常可分为户内和户外两种类型。

户外保护管的安装方法如图 6—1—2(a)所示。安装过程中,须保证保护孔位的高低、位置能与线路保持一致,且不宜距屋顶太近,应保持一定的安全距离。户外侧的部分应制成防雨弯的形状,这样可以有效防止雨水倒流入屋里。户内侧和户外侧的管口垂直距离地面的高度规定如图 6—1—2(a)所示的,并须确保装进户管时不可低于 2.5 米。

户内保护管的安装方法如图 6—1—2(b)所示。其位置距离平顶应不小于 50 毫米。两侧的管口通常应伸出建筑面约 5~10 毫米,不可伸出过多,也不能陷入墙内,同时也不允许与建筑面齐平。

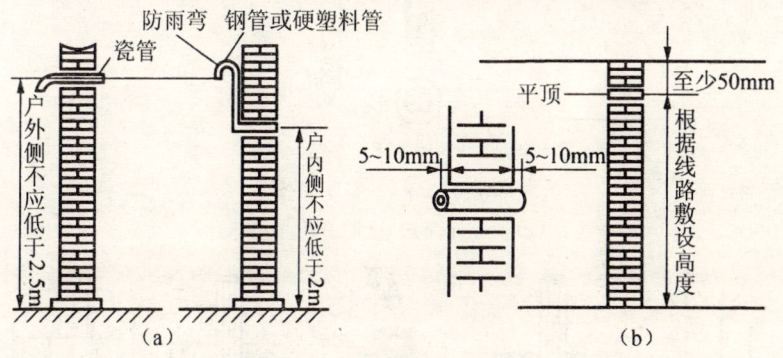

图 6—1—2 穿墙保护管的安装
(a)户外穿墙保护管的安装 (b)户内穿墙保护管的安装

(三)膨胀螺栓的安装

膨胀螺栓一般是用以固定砖墙或水泥墙上安装的线路或电气装置。它通常依靠木螺钉或螺栓旋入胀管内,从而使胀管张开,同时产生膨胀力,使建筑物孔壁得到压紧,最后再把膨胀螺栓和安装设备固定在墙上。

常见的膨胀螺栓包括外壳式和纤维填料式两种形式,它们的外形如图 6—1—3 所示。在胀开外壳式膨胀螺栓的安装过程中,应先把压紧螺帽放入外壳内,然后把其外壳嵌进墙中内,此时,可采用手

锤对其实施小心适度的敲打,这样可以使其外缘与墙保持平齐,接着,可以将电气设备通过螺栓拧入压紧的螺帽中,在螺栓与螺母的宁旋过程中,螺栓发生膨胀,开外壳的接触片,会将其挤压在孔壁上。如图6—1—4所示的是膨胀螺栓安装示意图。

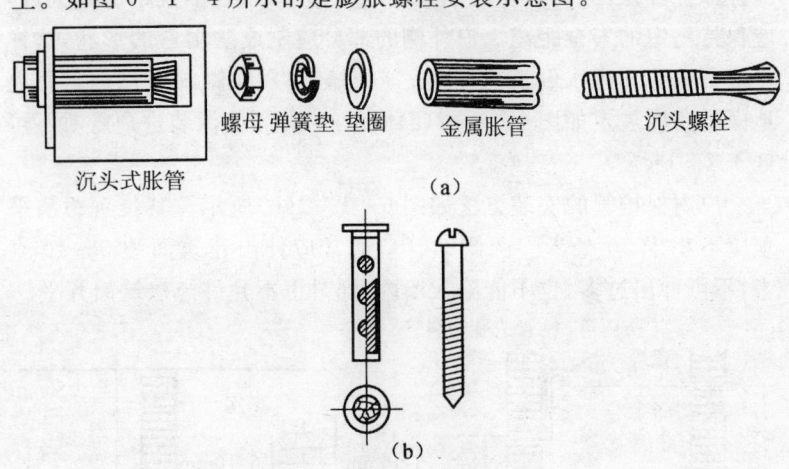

图6—1—3　膨胀螺栓
(a)胀开外壳式　(b)纤维填料式

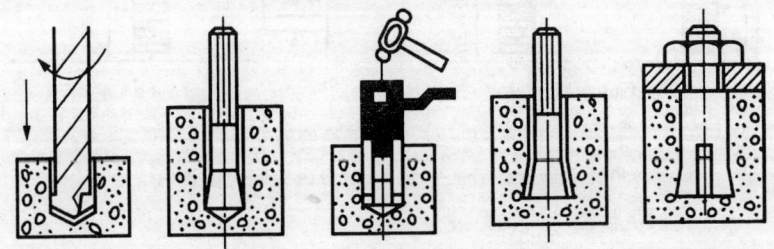

图6—1—4　膨胀螺栓的安装

　　在安装纤维填料式膨胀螺栓的同时,只需把它的套筒嵌进已经打好的墙孔中,然后将电气设备通过螺钉拧在纤维填料中即可,这样就会将膨胀螺栓的套筒胀紧,实现固定的目的。

第六章 用电常识

三、焊接与拆焊工艺

电工或电气人员的基本操作技能之一即为手工焊接。在电子电器的装配与维修过程中,焊接工作量较大,所以,掌握正确焊接的方法是电工或电气人员更方便快捷完成电器安装、维修等工作的前提。

（一）焊接基础知识

焊接指的是通过加热或其他的方法,使焊料原子和被焊接金属原子互相吸引、互相渗透,在原子之间力的作用下,使两种金属保持永久地牢固结合的方法。一般来说,焊接可分为熔焊、钎焊和接触焊三种类型。最常见的焊接方法为钎焊。钎焊是通过加热的手段把作为焊料的金属熔化为液态,最后将被焊固态金属联接在一起的焊接方法,焊接过程中,焊接部位均发生了化学变化。

（二）焊接工具

常用的焊接工具包括电烙铁、电烙铁架、尖嘴钳、剥线钳、镊子等。

（三）电烙铁钎焊要领

1. 在焊接过程中,应保证焊接姿势和手法的正确。

2. 焊锡丝的拿法。可先把焊锡截成约 1/3 米左右的长度,用不拿烙铁的手将其提住,焊接时,用其配合另一只手的焊接速度适当向前推送。一般来说,焊锡丝有两种拿法,如图 6-1-5 所示。焊接时,可根据自己的习惯和舒适度选择自己适用的拿法。

图 6-1-5 焊锡丝的拿法
(a)连续焊接时的拿法 (b)断续焊接时的拿法

3. 焊接面的清洁与搪锡。在焊接之前,应先用砂纸对焊接面进行清洁,将焊接面上的绝缘层、氧化层以及污物一并清除,直至完全露出紫铜的表面方能进行焊接。

4.应掌握好焊接的温度与时间。不同焊接对象对烙铁头温度有不同的要求,掌握好烙铁头的温度与火候才能做好焊接工作。

(四)手工焊接的步骤

手工焊接工作通常均可按照以下五个步骤来进行:

1.准备工作。先把被焊器件、电烙铁、焊锡丝、烙铁架、焊剂等准备齐全,一并放在工作台上。对烙铁头进行清洁与加热,搪上少量焊锡。然后,将加热好的电烙铁和焊料对准欲焊接的材料,如图6-1-6(a)所示。

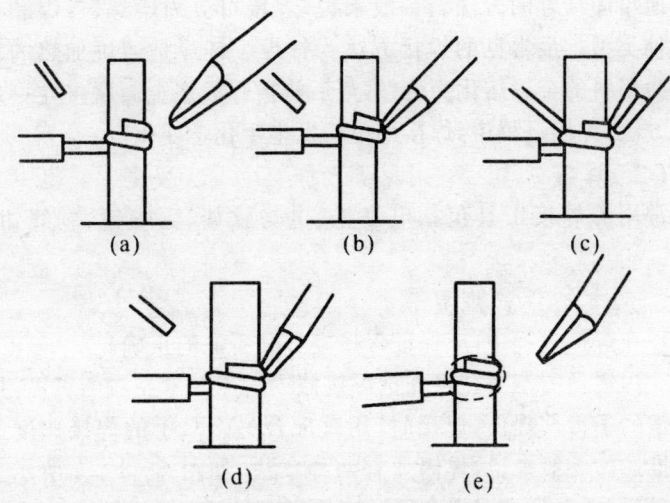

图6-1-6 手工焊接步骤

2.加热被焊件。先把烙铁头放在焊接点的位置上,对待焊接处进行加热,如图6-1-6(b)所示。需要注意的是,拿烙铁的手法与角度都应正确,不仅要便于焊接,还须确保操作者的安全。

3.送焊料。当将焊点加热到所需温度之后,应马上将焊料送到烙铁头的对面,使焊料尽快熔化,如图6-1-6(c)所示。但焊料不可直接与烙铁头相接触。

4.移开焊料。当焊料熔化适量后,应马上将其移离,如图

第六章 用电常识

6—1—6(d)所示。

5. 移开电烙铁。当焊点已经形成以后,但焊剂仍未完全挥发之前,应快速把电烙铁移开,如图 6—1—6(e)所示。

(五)手工焊接的操作

手工焊接的方法通常可分为带锡焊接法与点锡焊接法。

1. 带锡焊接法。带锡焊接法比较适于初学者实用,它的操作方法通常包括以下几个步骤:首先,应在待焊物的焊点上填加适量的焊剂,当电烙铁加热到适宜的温度以后,可用电烙铁头适量熔沾一定量的焊锡,在焊接时须严格控制烙铁头和待焊物的角度,如图 6—1—7 所示。焊接时须注意,应将烙铁头确实接触印制电路板上的元件引线与铜箔焊点。此外,送、撤烙铁头的动作应敏捷、迅速、准确。如图 6—1—7 所示。

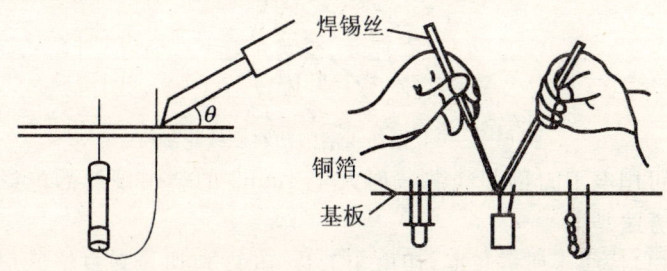

图 6—1—7　烙铁头的角度　　图 6—1—8　点锡焊接方法

2. 点锡焊接法。点锡焊接法要求左右手配合较好,比较适宜于操作熟练者使用。其操作步骤通常包括以下几个方面:先将待焊元器件插入要焊接的位置,在各点均涂上焊剂,然后把烙铁头放在元器件的引线焊接位置,待烙铁头角度固定好以后就可进行焊接。可用左手紧捏焊锡丝,将它的一端接触焊点位置上的烙铁与元器件引线的接触点即可,操作如图 6—1—8 所示。

(六)一般焊接点的拆焊

一般焊接点的拆焊只需通过电烙铁对焊点进行加热,待焊锡熔化以后,用镊子或尖嘴钳将元器件引线拆下即可。

四、导线线头绝缘层的剥削

在进行联接绝缘电线或电缆的前,首先要先剥削包在导电线芯外层的绝缘层。剥线的基本原则是:要掌握好切口位置,剥削适度的长度,不能讲线芯损伤。

下面我们介绍几种导线的剖削方法。

1. 塑料硬线绝缘层的剖削

截面在 $4mm^2$ 的线芯及以下的塑料硬线,其剖削绝缘层时可采用钢丝钳,具体步骤是:

(1)以一手捏住导线,另一手捏住钢丝钳头部。根据线头所需长度,轻轻地用钢丝钳切割绝缘层。

(2)一手拉紧导线,另一手向外用力除去部分绝缘层,如图6-1-9所示。

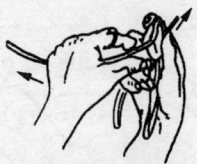

图 6-1-9 钢丝钳剖削塑料硬线绝缘层

可用电工刀剖削线芯截面大于 4mm2 的塑料硬线的绝缘层。具体方法是:

(1)按线头所需长度,用电工刀以45度角切入塑料绝缘层,注意用力适当不能伤到线芯,如图6-1-10(a)所示。

(2)放平一些刀口,与导线大概保持15度角,然后向前推进,将绝缘层削去一段,如图6-1-10(b)所示。

(3)向后扳翻剩下的绝缘层,然后再用电工刀齐根切去,如图6-1-10(c)所示。

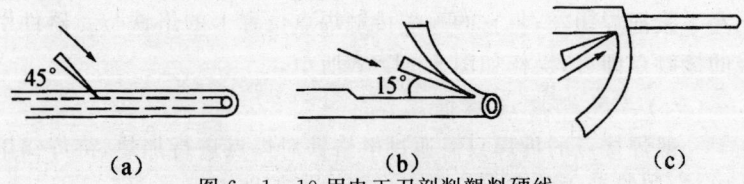

(a)　　　　　　　(b)　　　　　　　(c)

图 6-1-10 用电工刀剖削塑料硬线

a)刀以45度角倾斜切入 (b)刀以15度角倾斜推削 (c)切下余下塑料层

第六章　用电常识

2. 塑料软线绝缘层的剖削

塑料软线绝缘层的剖削时通常用剥线钳或钢丝钳剖削。具体方法如下：

（1）一手捏住导线，按所需长度将绝缘层用钳口轻割。

（2）一手食指围绕一圈导线，并把导线用整手捏紧。另一手向外即可剥离绝缘层，如图6—1—11所示。

电工刀不能进行剖削。原因是塑料软线太软，线芯又是由多股铜丝绕成的，用电工刀剖削对线芯的损伤很难避免。

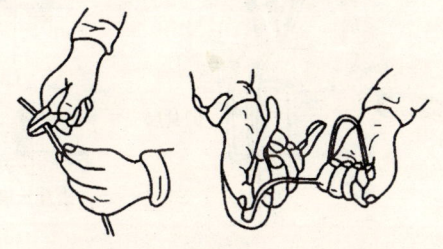

图6—1—11　钢丝钳剖削塑料软线绝缘层

3. 塑料护套线绝缘层的剖削

塑料护套线绝缘层主要由内外层的公共护套层和内部每根芯线的绝缘层构成。一般用电工刀剖削公共护套层，具体方法如下：

（1）按线头所需长度将护套层用刀尖对准芯线缝隙划开。

（2）然后向后扳翻护套层，再用电工刀齐根切去绝缘层，如图6—1—12所示。

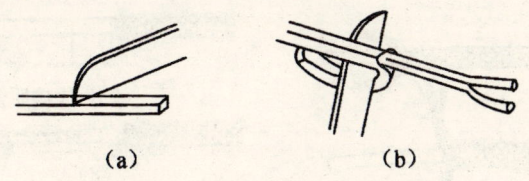

图6—1—12　护套线绝缘层的剖削

(a)用刀尖在线芯缝隙划开护套层　(b)扳翻护套层并齐根切去

（3）将护套层切去后，按照剖削塑料硬线绝缘层的方法用电工刀将芯线绝缘层除去。

4. 橡皮线绝缘层的剖削

剖削橡皮线绝缘层时，用剖削护套线绝缘层的方法先将外层的噪护套除去，然后用剖削塑料硬线绝缘层的方法，将橡皮绝缘层除去。

具体方法与步骤如图6－1－13所示。

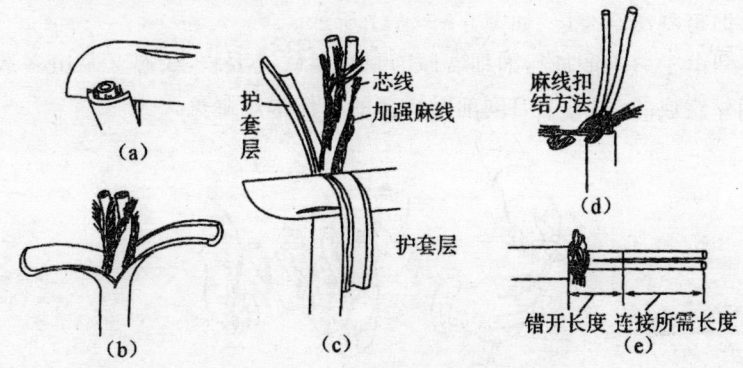

图6－1－13　橡皮线绝缘层的剖削

5. 花线绝缘层的剖削

花线绝缘层主要有内层和外层两部分组成，剖削的具体方法是：

（1）在线头所需长度处，在棉纱编织层用电工刀切割一圈拉去。

（2）用钢丝钳在距离棉纱编织层10mm左右处将橡皮绝缘层切除，然后再将露出的棉纱层用电工刀齐根切去，如图6－1－14所示。

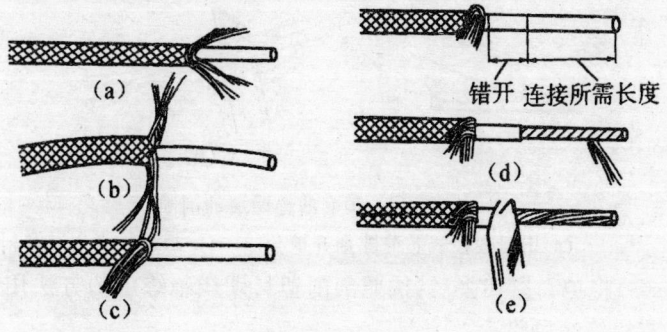

图6－1－14

第六章 用电常识

6.铅包线绝缘层的剖削

铅包线绝缘层主要由外部铅包层和内部芯线绝缘层构成。具体方法如图6-1-15所示,剖削方法如下:

(1)将铅包层用电工刀切一个口,然后分别上下、左右扳动折弯这个刀口,将铅包层从切口处折断,然后将铅包层拉出来。

(2)内部芯线绝缘层的剖削方法与塑料硬线绝缘层的剖削方法相同。

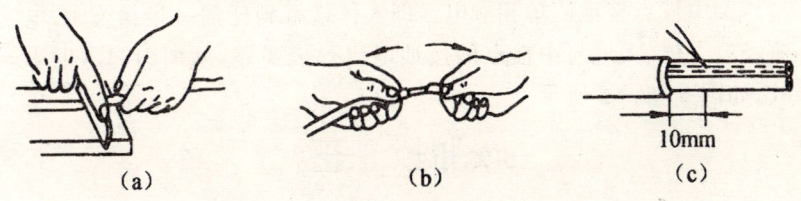

图6-1-15 铅包线绝缘层的剖削
(a)剖切铅包层 (b)折扳和拉出铅包层 (c)剖削芯线绝缘层

第二节 安全用电常识

一、触电形式

人体能通过电流,是一种导体,一旦人体直接接触了带电体或者碰了漏电的电气设备,或者是刚好处于发生接地故障点的附近,均会引起触电事故的发生。

常见的人体触电形式包括以下几种:

(一)单相触电

单相触电指的是人体和大地之间在互不绝缘的情况下,人体的某一部分接触了三相导线中的任意一根,从而引起电流从一根相线经过人体流入大地。一般来说,在众多触电事故中,单相触电的发生率最高。单相触电可分为中性点接地和中性点不接地两种情况。

1.中性点不接地的单相触电。即在触电时,电流经过人体通过与其他两相对地绝缘电阻而形成了通路,如图6-2-1所示。

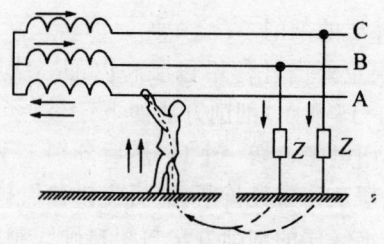

图6-2-1 中性点不接地的单相触电

2.中性点接地的单相触电。即人体接触到任何一根相线时,电流经过人体、大地与中性点的接地电阻形成通路,从而引起触电事故,如图6-2-2所示。

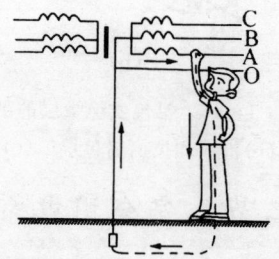

图6-2-2 中性点接地的单相触电

(二)两相触电

两相触电指的是人体在同时接触线路中的两根相线(火线)的时候,电流由一根相线经过人体流入另一根相线,从而形成回路,引起触电事故,如图6-2-3所示。此种情况下,加于人体的电压通常为380伏,危险性非常大。

图6-2-3 两相触电

第六章 用电常识

二、接地

（一）工作接地

工作接地指的是为确保电气设备的安全运行与排除故障的接地点,电力变压器与互感器的中性点接地均属于工作接地。如图 6－2－4 所示。

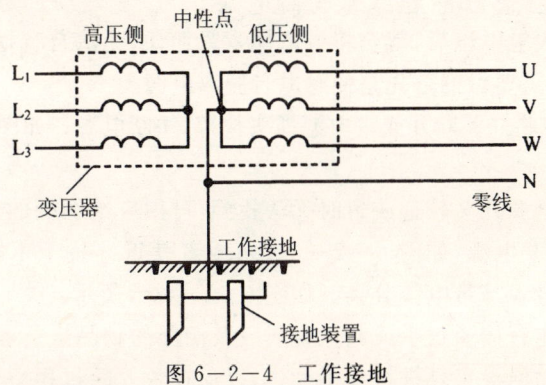

图 6－2－4 工作接地

（二）保护接地

保护接地指的是在正常的情况下,将电气设备的不带电金属外壳通过保护接地与接地装置进行联接,如图 6－2－5 所示。

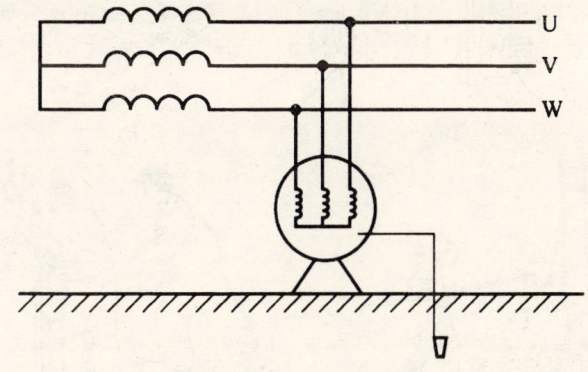

图 6－2－5 保护接地

一旦采取了保护接地的措施以后,就会大大降低触电的危险性。当电气设备的绝缘遭到破坏时,人体如果不慎触及带电外壳,保护接地

的措施就会使人体的电阻与接地电阻并联,因此,流过人体的电流非常小,不会对人体造成危险,从而起到了保护人体安全的作用。

三、触电急救

如果发生了触电事故,千万不能惊慌失措,应迅速、及时地采取相关的急救措施,科学的触电急救方法如下:

(一)应使触电者迅速脱离电源

一旦人触电以后,就会将带电体紧紧抓住,无法自行摆脱电源,所以,我们需要做的首先是使触电者脱离电源。

1.迅速将开关断开或将电源插头拔掉,切断电源。如图6－2－6(a)所示。

2.若电源开关较远或暂时无法找到,可用有绝缘柄的工具将电线切断,断开电源,如图6－2－6(b);或者就近寻找干木板等绝缘物帮助触电者与带电体分离。如图6－2－6(c)所示。

3.不能直接通过手或其他金属以及潮湿的物品进行救护,必须采用恰当的绝缘工具进行单手操作,以免在救人的过程中引起自身触电,如图6－2－6(d)所示。

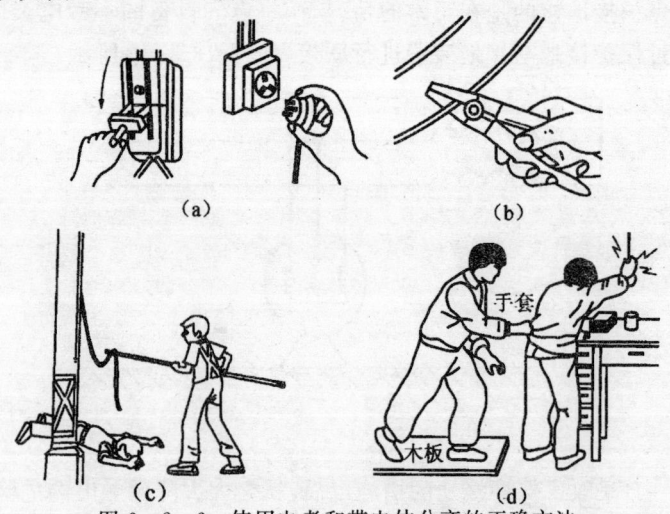

图6－2－6 使用电者和带电体分离的正确方法
(a)拉闸断电 (b)断线断电 (c)挑线断电 (d)拉离断电

第六章 用电常识

4.若是在高压线路或高压设备上触电,就必须马上拉断高压开关。如果需用绝缘工具进行救护,则必须确保绝缘工具的绝缘等级等于或高于触电电路的电压等级。

(二)现场急救

当触电者脱离电源以后,应该对其进行及时正确的救护。

1.若触电者的伤势较轻,神志依然清醒或虽有一度昏迷但尚未失去知觉,这时候应该让触电者轻轻躺下,安静休息1~2小时。

2.若触电者伤势较重,知觉已经基本丧失,但依然有心跳与呼吸,应迅速使触电者保持平卧状态,然后解开其衣服,以便于呼吸的顺畅。

3.若触电者已丧失知觉,心跳与呼吸也已经停止,甚至瞳孔出现放大的迹象,这时需要对伤者进行人工呼吸和心脏挤压两种方法进行急救。需要注意的是人工呼吸和心脏挤压应持续使用,即时在伤者送往医院的途中也不宜间断。

习题

1.如何进行正确的焊接,正确的焊接姿势是什么?
2.如何对橡皮线绝缘层进行剖剥?
3.常见的人体触电形式包括哪几种?
4.试分析接地保护的作用是什么。
5.请列举正确的触电急救方法。

参考文献

1. 吕砚山. 电工技术基础. 北京:化学工业出版社,2001
2. 张力生. 电工技术基础. 北京:清华大学出版社,2005
3. 赵军. 电工电子基础. 北京:机械工业出版社,2007
4. 任致程. 新编实用电工电路300例. 北京:机械工业出版社,2007
5. 王家继. 电工与电子技术基础. 北京:中国劳动社会保障出版社,2007
6. 龚华生等. 农村电工实用技术入门. 北京:人民邮电出版社,2007